Guangzhou
Summit Forum　广州论坛

生态文明与美丽城乡

——2013 广州论坛演讲集

主　编

甘　新

副主编

曾伟玉　陈春声

商务印书馆
The Commercial Press

2014 年 · 北京

图书在版编目(CIP)数据

生态文明与美丽城乡：2013广州论坛演讲集/甘新
主编.—北京:商务印书馆,2014
ISBN 978-7-100-09526-6

Ⅰ.①生… Ⅱ.①甘… Ⅲ.①生态环境建设—广
州市—文集 Ⅳ.①X321.265.1-53

中国版本图书馆CIP数据核字(2014)第112626号

生态文明与美丽城乡
——**2013广州论坛演讲集**
甘 新 主编

商 务 印 书 馆 出 版
(北京王府井大街36号 邮政编码100710)
商 务 印 书 馆 发 行
北 京 瑞 古 冠 中 印 刷 厂 印 刷
ISBN 978-7-100-09526-6

2014年8月第1版 开本787×960 1/16
2014年8月北京第1次印刷 印张15 3/4 插页2
定价:36.00元

目　录

市长论坛：环境治理与生态城市

专题论坛一：生态文明与城市发展

专题论坛二：城乡一体化与美丽城市

专题论坛三：生态观念与公众参与

校长论坛

论坛总结

中国社会科学院副院长
李扬致辞

　　城市化过去是、现在是，今后相当长一段时间都是中国经济的主要引擎。对于这样一个关乎中国经济发展、关乎未来命运的大事情，我们需要集全社会之力合作研究。

　　从经济的角度来说，中国城市化还有一些问题有待进一步研究。

　　第一个问题：**目标**。现在上上下下都在说城市化，但是城市化的目标究竟是什么？社会各界对这个问题还缺乏深入的探讨。我个人认为，中国推进城市化，目标是实现城乡一体化，是在中国这块土地上彻底消灭城乡分割。中国的城乡分割是具有多重意义的，一重是经济意义上的，落后的农村、落后的农业和相对先进的城市、相对先进的工业，这是世界各国都遇到过的。但是中国还有另一重制度意义上的城乡分割，城市和乡村是两个世界。应该说制度意义上的城乡分割阻碍了中国很多发展战略的推进，是造成当今中国很多问题的一个根源。所以在中国推进城市化，我们要讨论这样的问题：如何实现经济上的一体化和制度上的一体化，使得所有中华人民共和国的公民真正成为平等的公民？

　　第二个问题：**效率**。城市化成功与否的标准是什么？如果经济上将城市化定义为要素的集中，那么要素使用效率提高，就应当是它的标准之一。考虑到中国的情况，在所有要素当中，土地要素是最为关键的。我们下一步的改革中，围绕土地的一系列改革一定会成为一个关键性因素，而这个因素对于我国城市化一定会发挥非常关键性的作用。围绕土地，我们要解决土地权益的归属问题，在城市化的过程中农民、农村集体对土地的权利到底如何界定，要研究土地怎么流转、怎么交易、怎么定价，政府在土地流转过程中的地位和作用，以及土地财政问题，等等。

第三个问题：**公共服务均等化**。现在所谓城乡分割，最主要的就是公共服务非均等化，大家之所以愿意集中到广州来，无非是因为在广州有在乡村中得不到的教育服务、医疗服务、卫生服务、文化设施等等。就广州的情况来说，很多农民就居住条件而言，他们不想住在广州，但是如果要实现各方面的需求，他只能住在广州。城乡公共服务的均等化问题，应当提到议事日程上来讨论。

第四个问题：**整个城市化的金融安排**。迄今为止，中国的金融体系应该说是不支持城市化发展的，否则就不会出现地方融资平台问题。地方融资平台问题之所以出现，就是因为大量的需求产生在城市化的水平上，但是我们现有的金融工具、金融市场、金融机构、金融政策不支持这个过程，所以大家就只能用一些擦边的、甚至是违规的做法来打破这样的一个僵局。广州也在认真思考这些问题，如何发展以广州为中心的金融中心，在广州这个层面来讨论金融发展问题，支持城市化的金融安排，是一个非常重要的话题。我们在研究这一问题时，至少要从两个层面来看，一个是城市化过程中哪些实体性的东西需要支持？修桥、铺路、建垃圾处理厂等等。我们要将城市化过程中所需要的这些投资经济活动分清楚，哪些是私人产品，哪些是公共产品，哪些是混合产品，然后我们才能用金融体系。另外还要看我们有哪些工具、哪些机构、哪些市场，能够对应这些需求，我们的金融政策如何设计，使得供应和需求能够配对。

总之，需要进一步研究和讨论的问题还很多，希望经过若干年之后，我们在广州这一块热土上所讨论的关于城市化的问题，能够形成在中国最权威的看法，能够有效地指导中国城市化运动。

谢谢大家。

主题演讲

生态文明与绿色发展

牛文元

国务院参事
中国科学院可持续发展战略研究组组长、首席科学家

中国目前面临着两大世界性难题，第一是如何破解经济增长停滞的魔咒，第二是如何走出中等收入陷阱。面对贫富差异、城乡差异、区域差异的加大，面对主流疲劳、社会管理的成本加大，要破解上述两大难题，需要新的发展思路和发展动力。新型城市化以及由新型城市化所引发的关于建设、规划、实施的过程，就是我们落实如何破解这两大世界性难题的一种选择。将发展纳入生态文明和绿色增长的轨道，是制度安排与治理结构的基本内容。

党的十八大报告指出，要将生态文明建设放在突出地位，融入经济建设、政治建设、文化建设、社会建设等各方面和全

过程，促进人与自然和谐发展的现代化建设新格局的形成。为了落实十八大报告精神，需要从空间格局、城乡格局、产业格局、管理格局、文化格局上全面推进生态文明建设。

一、21 世纪呼唤生态文明

世界银行的一份报告指出，整个 20 世纪的 100 年，人类消耗了 2650 亿吨石油和天然气、1420 亿吨煤炭、380 亿吨钢铁、7.6 亿吨铝和 4.8 亿吨铜。21 世纪的 100 年人类将创造比上世纪高出三四倍的财富，如果我们还是用同样传统的方式去创造这些财富，地球是支撑不了的。现在全球每年二氧化碳的排放量 300 亿吨，其中一半被海洋和森林吸收固定，而另外一半流入大气中，造成全球变暖，引起了全世界都在关注的气候变化。世界自然基金组织作出一个判断：人类的需求和地球的支撑力越来越不相符，人类的需求越来越高，而地球的支撑能力在不断下降。从全球范围来看，人类的"生态足迹"已经超出了全球承载力的 20%，人类在加速耗竭自然资源的存量。新中国成立 60 多年来，我国一次能源生产总量从 1949 年的 2334 万吨标准煤到 2010 年的 32 亿吨，增长 135 倍，成为世界上第一大能源生产国。1949 年全国人均生活用电不到 1 度，发展到现在超过 300 度。中国产能也产生了一些过剩，根据发改委公布的一份材料，钢铁只需现实生产规模的 76%，其他如水泥、铝、平板玻璃、甲醇、多晶硅等等也都产能过剩。尽管我们也在发展绿色能源，但是还不够平衡。

根据计算，2005 － 2010 年，在中国每建筑 1 平方米需要消耗土地 0.8 平方米、需要钢材 55 公斤、能源 0.2 吨标煤，还有混凝土、墙砖、二氧化碳排放等。每年我们建筑面积平均约 20 亿平方米，光建筑这一个行业，我们对能源、资源的消耗、对二氧化碳的排放就产生了巨大的影响。从只要金山银山、不管绿水青山，到既要金山银山、也要绿水青山，再到现在我们说绿水青山也是金山银山的认知过程，全面反映了中国的绿色发展转型之路。

二、从自然感悟到生态文明

文明是对于人与自然关系和人类社会发展规律的认知觉醒、萃取、反思、坚守和传承，是随时间动态增值的一个过程。实际上我们所谈的文明，都是在出现人类之后，在对自然的感悟、体验、认知的过程中，在人与自然之间协同进化的过程中，产生了现在我们所说的文明以及文明的不同进程。在人类历史上，我们的文明形态可以大致分为四类，即原始文明、农业文明、工业文明和生态文明。原始文明具有纯朴性，但是又有盲目性；农业文明，非常勤勉，但是具有依赖性；工业文明，十分进取，但是具有掠夺性。上述三种文明形态都有优点，但是也有各自的不足。因此生态文明的形态，就需要更多地从"自觉、和谐、平衡"上做文章。原始文明主要是依靠本能，农业文明主要依靠体能，工业文明主要依靠技能，而生态文明应当充分发挥人类的智能。

生态文明是前几个阶段文明之长的结合，尤其是在人与自然关系的认识上，生态文明既反对靠天吃饭的无为，更要摒弃人定胜天的狂妄，特别强调尊重自然、顺应自然、保护自然，寻求人与自然和谐的交集最大化，最终达到人与自然的协同进化。从自然的绿色到经济的绿色、到社会的绿色，再到心灵的绿色，共同支撑了我们整体的全谱系的生态文明。生态文明必须要解决好两大关系，即如何解决好人与自然之间的关系以及如何解决好人和人之间的关系，这两大关系的协调和平衡，应当是生态文明追求的总目标。

生态文明实际上是对于人性中真善美的集中提取，是健全社会的支点，是传承文明的载体，是激励人生的盛宴，因此生态文明既是精神文明的积淀，也是提升物质文明的催化剂和倍增器。

三、提升精神层次，终结幸福悖论

谈生态文明、说美丽中国，都离不开两个关键词：美与和谐。什么是美？美的实质体现就是和谐，守恒、对称、有序、进取、悲悯、慈爱等的集体品格。精神的富足、生命的尊严、心灵的安宁、物质上的满足以及我们在精神层次上的提升，这些的共同丰满才是我们所要的生态文明，才是我们所要的幸福。"幸福悖论"普遍存在于现实生活中，有人一直以为财富增加了就是幸福了，实际上这是一个悖论，由于幸福意涵的多元性、个体性、时效性、心灵感应性等原因，常有主流疲劳、生在福中不知福、欲望无止境等对幸福感的冲击，如不提升精神层次和道德约束的对冲机制，单纯认为财富越多就越幸福的观点，必然落入幸福悖论的陷阱。

以美国为例,1960年至2000年的40年间,按不变价格计算,美国人均收入翻了三倍,但认为幸福的人数却从1960年时的40%下降到2000年的30%,由此,美国南加州大学教授伊斯特林提出幸福悖论,认为并不是财富越增加人就会越幸福。半个多世纪以来,学者和政府不断探求幸福的内涵和评价方法,这些对我们认识幸福是有帮助的,也有助于对生态文明的全面理解。

1955年,美国经济学家加尔布雷在《富裕社会》一书中已提出"生活质量"指标,可以被视为幸福指数的前身。1972年,不丹王国的两代国王在全球首创"幸福指数"(GNH),并且每年应用该指标对世界进行评价。其后,英国创立了"国民发展指数"(MDP),综合考虑财富组成的社会成本、环境成本和自然成本。2009年,法国总统萨科齐成立"经济表现和社会进步测评委员会",其任务就是估算社会的幸福水平;到2011年该委员会对改进评估体系提出了12项建议。2011年中国科学院可持续发展战略组提出GDP质量指数,被美国《大西洋月刊》称之为修补世界的五种尝试之一。这里面包含了经济质量、社会质量、环境质量、生活质量、管理质量五大元素,其本质就是为了破解幸福悖论。2011年12月,日本内阁采用国民幸福总值,公布了国民幸福指数测算试行方案。2012年联合国向全世界发布了全球幸福指数报告。党的十八大报告指出,给自然留下更多的修复空间,给农业留下更多的农田,给子孙后代留下天蓝、地绿、水净的美好家园,这就是美丽中国,通俗来说,就是要有充足的物质基础,有美好的生活环境,有足够的发展空间,以此引导、塑造和深化精神层面以及心理层面的幸福感。

在现代中国，幸福的现实理解可以浓缩成"三安、两信、五大空间"。"三安"就是食品与药品安全、生态与环境安全、人身与社会安全。如果不能保证安全，当然不可能谈到什么是幸福。"两信"是指大力倡导社会诚信和大力提升政府公信力。"五大空间"就是生产空间集约高效，生活空间健康舒心，生态空间山明水秀，社会空间公平正义以及心灵空间乐观从容。

四、生态文明与绿色 GDP 管理

对于一个城市和一个国家来说，我们的财富生成本身能不能和自然取得平衡，能不能与自然之间产生动态式和谐，这就是我们现在所面对的一个主要问题。如果我们只是追求 GDP 的数量，而不管 GDP 质量，或者说我们忽略了 GDP 的质量，那么所谓的生态文明在城市、在区域都是要打折扣的。著名的"投入产出法"制订者、诺贝尔经济学奖获得者列昂惕夫，生前一直设法寻求将能源、资源、环境、生态的代价纳入到投入产出体系中，以消除和纠正在资源能源过度消耗和增加环境生态的外部成本下获取 GDP 数量的不正确性。

如何构建以绿色 GDP 为核心的国民财富体系，联合国、各国政府、著名国际研究机构和经济学家们从 20 世纪 70 年代开始，一直进行着艰辛的探索。我们不盲目崇拜 GDP，当然也会不盲目抛弃 GDP，关注的核心是不断追求理性高效、少用资源、少牺牲环境，综合降低自然成本、生产成本、社会成本、制度成本前提下所获得的"品质好的 GDP"。因此如何考量自然绿色、经济绿色、社会绿色、制度绿色对于衡量真实财富的综合效应，就对全面深入地研究 GDP 质量提出了重大挑战，也成为创制与设计"中国 GDP 质量指数"的基本出发点。我们在推进新型城市化的过程中，特别强调了生态文明、美丽城市以及精神层面的提升，这是和物质生产、数量提升、财富增加相对应的，对这二者之间的关系我们必须要有一个辩证的、全面的认知，只有这样生态文明和美丽城市的建设才能够取得全面的成功。

以下对全国 31 个省、自治区、直辖市（暂未包括港澳台）的现行 GDP 数量排名以及采用 GDP 质量指数计算出的 GDP 质量排名，进行了对比分析，可以明显地看出，生态文明与绿色发展的最终体现，必须落到财富生成的绿色水平之中。由此，美国著名杂志《大西洋月刊》于 2012 年 11 月 19 日在其专栏评述中称：在修补世界的五种尝试中，"第五种尝试是中国的 GDP 质量指数。中国科学院发布的一份报告的主编牛文元说，该指数可以衡量一个国家的真实财富、可持续发展程度和社会和谐水平"（译载《参考消息》2012 年 11 月 23 日的第 10 版）。

中国各地区 GDP 数量与 GDP 质量的比较

地区	数量排名	质量排名	数量与质量之差
北　京	13	1	+12
天　津	20	4	+16
河　北	6	13	-7
山　西	21	23	-2
内蒙古	15	18	-3
辽　宁	7	9	-2

续表

吉　林	22	14	+8
黑龙江	16	15	+1
上　海	8	2	+6
江　苏	2	5	-3
浙　江	4	3	+1
安　徽	14	19	-5
福　建	12	7	+5
江　西	19	21	-2
山　东	3	8	-5
河　南	5	12	-7
湖　北	11	17	-6
湖　南	10	22	-12
广　东	1	6	-5
广　西	18	24	-6
海　南	28	10	+18
重　庆	23	11	+12
四　川	9	20	-11
贵　州	26	28	-2
云　南	24	25	-1
陕　西	17	16	+1
甘　肃	27	29	-2
青　海	30	27	+3
宁　夏	29	30	-1
新　疆	25	26	-1
西　藏	—	—	—

有序推进城镇化：
宏观背景与政策选择

高培勇

中国社会科学院财经战略研究院院长、研究员

在有序推进城镇化这个表述当中，最关键的两个字是"有序"。有序推进城镇化，是 2013 年 7 月下旬习近平总书记在中央政治局常委讨论经济形势问题的讲话当中所采用的一个表述。有序推进，肯定不是大干快上式，肯定是要符合经济规律的，也肯定是有质量、可持续的。在当前的中国，研究有序推进城镇化，并且将它和宏观背景、政策选择问题结合起来，显然是非常重要的。

为什么要强调有序推进，而不简单说推进？这里有几个方面的考虑。

背景一 中国经济已经进入中速增长阶段。从 2010 年开

始中国经济增长一直呈现逐步减速特征，已经从 2010 年的
10% 以上逐步下降到 2013 年上半年的 7.6%，对于这样的一个
现象大家颇为关注。现在的问题是，它不仅仅是我们不得不接
受的一个客观现实，而且在很大程度上，它还是客观经济规律
的作用使然。正如人的成长，要经过童年、青年、中年、壮年
和老年一样，经济的发展实际上也有其阶段性特征。

以广东为例，在改革开放初期，广东的工业化进程可以依
靠大量的剩余农业劳动力，从而获得工业化所需要的源源不断
的劳动力资源，因而在那个时候，我们可以以较低的工资成本
获得工业化的劳动力支持来源。而在三十年后的今天，我们已
经越来越深刻地感受到广东的工业化所需要的劳动力，不再像
过去那样十分充裕，而必须通过提高工资来获得需要补充的劳
动力支持，因而劳动力的成本上升了。

另外一个方面，在三十年前，我们吸收的劳动力，或者通
过农业劳动力的转换过程，给工业化提供的劳动力所带来的劳
动生产率处于高速的提升阶段，工业化的劳动生产率和农业领
域的劳动生产率显然不可同日而语，一方面是劳动力的成本上
升，另一方面是工业化劳动生产率又远远高于农业劳动生产率，
因此在以往我们可以获得较高的 GDP 增长速度，而在今天劳
动力的成本上升了、人口红利减少了，特别是经济的发展越来
越需要来自服务业的贡献。而在当前的中国，服务业劳动生产
率和制造业环节的劳动生产率也不能同日而语，服务业劳动生
产率是低于制造业和工业环节的劳动生产率的，在这样的背景
条件下，一方面是成本上升，另一方面是劳动生产率的相对下
降，因此经济增长的减速应当说是难以避免的。在这样的经济

增速的换挡期，我们当然需要有新的经济工作思路和新的经济发展理念，有序推进城镇化显然是其中之意。

　　背景二　全球经济深度转型调整。从 2008 年算起，这一轮国际金融危机已经持续五年，往前看何时走出危机，目前还难以预料。尽管欧美的经济出现了一定程度的复苏景象，但终归不能平稳。这种表现和我们在第二次世界大战之后所经历的历次经济危机相比，显然是迥然相异。大家在学校读书或者是在学校教书时，所接触到的带有规律性的表述，都是认为第二次世界大战之后经济危机的周期变短，原来是七八年一次危机，后来缩短为五六年一次危机、三四年一次危机，而这次危机持续的时间之长，显然和我们以往所接触到的现象有很大的差异，这实际上表明这场危机的特殊性。五年前我们用"前所未有、百年一遇"来描述这场危机的特殊性时，显然并没有将这场危机的真正特殊原因讲清楚、说明白。现在看来，这场危机之所以持续的时间如此之长，以致于目前还看不到走出危机的时间表，其原因就在于它不仅仅是一场周期性危机，而且是一场结构性危机，或者更多是一场由结构性要素所引发的危机，因而治理危机、走出危机，显然不能完全采用以往周期性危机的扩张性经济政策办法，还必须对症下药，采用结构性办法来加以医治，而结构性办法之一就是有序推进城镇化。

　　背景三　面对全球经济的复杂性，面对中国经济增速已经越来越趋于减缓这样一种复杂的态势，新一届中央领导集体已经形成了一系列经济工作的新思路。这种新思路从总体来说，可以概括为以追求质量和效益为中心。既然经济增速是带有规律性的下滑态势，既然外部的拓展已经不可持续，那么走向精耕细作就是我们的一个重要选择。有序推进城镇化，并且将其作为经济发展和扩大内需的最重要潜力，显然这就是其中的政策选择之一。鉴于我们人多地少、城乡差异大、生态环境逼近承载极限的现实，有序推进城镇化的路子是必须走对的，否则就要犯历史错误。那么怎么走？从整体来看，以农业转移人口的市民化为中心，解决城镇内部的二元结构问题，从而消除这一当前中国最大的不公平现象，这显然是重点之一。而且进一步来看，还不仅仅是城乡、城市内部的二元结构问题，以此为基础，还必须走城乡发展一体化的路子，通过二元变一元这样一个改革红利，来解决公共服务的均等化问题、解决城乡二元结构问题、城镇内部的二元结构问题。

具体来说，在政策选择上，最根本的路子，或者说最根本的政策选择，就是要彻底改变二元的体制格局，不管是经济层面还是制度层面，这是有序推进城镇化最重要的选择。我们之所以会存在城乡差别或者城市内部的这一系列差别，无非在于建国以来，我们实行了一套二元的经济社会制度。而二元的经济社会制度，最重要的表现就是农民和农民工，在劳动报酬、劳动保护、子女教育、社会保障、住房等诸多方面不能与城镇居民享受同等待遇，而之所以有这样的一种二元经济社会制度，它最主要的支撑点或者说它最重要的原因就在于我们实行了一套二元的财政制度。我们在财政制度上实行城乡分治，也就是说对城市居民和农村居民，财政所承担的责任是不同的。与此同时，我们还实行了不同所有制分治，也就是说对不同所有制的企业和经济单位，财政所承担的责任也是不同的。比如说财政制度的设计安排层面，所覆盖的范围是有选择的，而不是全面的，并非是将中华人民共和国所有公民都全部覆盖在内，也不是将中华人民共和国所有地区全部覆盖。有选择而非全面的覆盖范围，这是中国财政制度设计和安排当中的一个很重要的特点。再比如说，财政所提供的待遇，特别是所提供的公共服务有薄有厚，而非一视同仁：对农民和城市居民所提供的待遇不同，对于不同地区所提供的财政待遇不同。因此变二元经济社会体制为一元经济社会体制，首先就要做一件事，这就是从财政体制机制的转移入手。财政体制机制首先要转型，怎么转型？恐怕有几个方面是势在必行的。

其一，要从国有制财政走向多种所有制财政。覆盖范围不能再以所有制分界，而必须是将包括国有制、集体所有制、股份制、私企在内的所有企业都纳入到财政的覆盖范围之内，实现全面覆盖。

其二，要从城市财政走向城乡一体化财政。财政所提供的公共服务的覆盖范围不能再以城乡来分界或者是主要关注于城市而相对忽略农村，而必须对城市和农村一视同仁。

其三，要从生产建设财政走向公共服务财政。以往我们的财政基本或者主要是专注于生产建设事项，先生产后生活这是我们传统的思维模式。伴随着城镇化的有序推进，财政支出不能再专注于生产建设领域，我们必须要进一步完善公共财政体系，通过公共财政体系的完善来建立一个覆盖全体社会成员的收支体系。其实在当前最关键、最应立刻着手的一件事情，就是还原真实的政府收支图景，而之所以要还原真实的政府收支图景，这是因为来源于我们当前的财政收支状况。

以 2012 年中国税收收入的结构为例，去年 10 万亿元的中国税收收入中，一般流转税55.4%，特殊流转税9%，其他流转税6%，三块相加超过70%。在2012年中国税收收入来源结构中，我们也可以看到，尽管我们将2012年税收收入来源区分为七个部分，但是其中六个部分的性质是同一的，那就是它们都属于企业，不管是国有企业、集体企业、股份公司、股份合作企业、私营企业、涉外企业，都可以归结为企业——来自企业的税收来源占到全部税收收入的90%以上。

也就是说谈到中国当前的财政收入来源格局，起码有两个特点值得我们高度关注。其一，70%的间接税，即70%的收入是通过征流转税或者间接税而取得的。其二，90%的企业税，即90%以上的收入是通过向企业收税，而不是向个人收税来取得的。这样的两个特点，在有序推进城镇化的过程中给我们带来了什么呢？从表面上来看，这两类税，不管是间接税还是企业税，都是由生产和经营这些商品服务的企业所缴纳的。再进一步来看，这些企业不管是历史上还是现实中，基本上都处于城镇地带，因而从感知上，大家会认为农民和农民工对这些收入的贡献度相对偏低或者相对偏少。在这样的一个税收收入和财税收入的格局面前，实际上农民和农民工财政收入贡献与其享受的公共服务之间就形成了制度阻隔，比如说大学同学中来自城市的就有优越感，他们经常会说学校发的助学金是由城市企业来提供的，而农民在这个过程中很少向国家交税，因此城乡之间的财政待遇差异是理所应当的。

进一步来看，当前在北上广这样的特大型城市里，你也会经常看到城镇居民和农民工及其家属之间在享用公共服务方面的矛盾冲突。在北京经常会看到，当公共汽车变得非常拥挤的时候，城镇居民经常就将它归结于农民工挤占了公共汽车的资源。当交通拥堵，人们感到透不过气来时，城镇居民也经常将这样的一种困境归结于外来人口的增加。当城镇居民的孩子所在的学校吸收了农民工子弟的时候，相当多的城镇居民就会有抱怨的情绪，如此等等。因此如何建立一种能够让农民和农民工的财政贡献凸现出来，让整个社会成员能够清晰认知的一种格局，显然是非常重要的。

我们认为，在当前，能够达到这一目的，一个最重要的选择，就是建立和完善直接税，增加直接税在税收收入中的比重，让农民和农民工的贡献在这样的过程中得以充分的显示，给我们还原一个有关政府收支及其所提供的公共服务的完整而真实的图景。在当前，这样的契机应该是存在的，而且脚步声也是越来越近，这就是当前正在实施的营改增及其可能带来的新一轮财税体制改革。当前的营改增至少在三个方面给我们带来了新一轮财税体制改革的福音。比如随着营业税全部改革为增值税，地方的主体税种就基本上消失了，在这个过程中，地方主体税种和地方主体税种重建不得不成为一个亟待解决的重大课题。

随着营业税的消失和增值税的比重上升，当增值税的比重由原来的 40% 一跃成为 50% 以上的时候，整个财政收入的风险就加大了，为此必须通过调减间接税、增加直接税，使得中国财政收入的结构趋于相对均衡的格局。在这个过程中，直接税的建设必然要提速。

再比如说，随着营改增的实施，分税制的格局被打破，不管是增值税的分成，还是未来所得税的分享，都必须在营改增之后的新的格局条件下重新加以梳理并重构，因此分税制财政体制改革和重建，这也是难以避免的。所有这些都意味着新一轮财税体制改革已经破题，在这个过程中作为它的一个重要副产品，那就是城乡一体化将越来越清晰地呈现在我们面前。

城市，作为转变的中心

艾伦·弗里森 (Eran Feilelson)

以色列耶路撒冷大学教授

世界各地正在发生着变化，而最令人瞩目的变化就是城镇化的步伐越来越快，有超过一半以上的人口生活在城市，这样的情况在以往人类历史上从来没有发生过。城镇化不仅仅关乎生活在城镇的人口规模有多大，城镇化也使城市变得更加重要。这些变化的根源就在城镇本身。城镇化本身带来了创新，带来文化上的创新、艺术上的创新、经济上的创新、社会的创新。

社会发展的动力在哪里、引擎在哪里？经济发展的引擎就在城市。其实城市本身是一个发动机，是一个带来变化的发动机。城市为什么会带来这么多变化，为什么这么多的事情发生在城市，为什么城市是这么多变化的发源地？并不是世界上所有的城市都会产生这么多的创新，也不是在所有时候都会产生创新，我们要看一看哪些城市会发生这种新的思想的变化，会发生这种新的变革。

我们可以看到这些城市可能不是那么有秩序，这些城市富有动感、富有活力，这些城市发生了很多变革，我们看到这些城镇有许多的互动、许多人口的移动，人际互动非常频繁，正是这种不具结构性的互动产生了许多变化。我们很难人为地逼迫人们互动，只有通过结构上的不断变化，才会自发地产生这种互动。我们可以帮助这种非结构的互动继续发挥作用，但是却无法强迫它发生。

城镇化也有另外一面，不那么光彩的一面，我们可以看看城镇化带来的副作用，包括更多的污染、城乡差距的扩大。这些副作用的程度不断加深，对立不仅仅是产生在城镇和乡村之间，在城市内部也发生了对立的情况。所以说城镇化是两面性的，一方面促进了发展和创新，而另外一个方面，城镇化也导致了二元对立，而这种边缘化、对立化的情况，带来了越来越大的差距。

我们可以看到，城市也是新陈代谢的核心，城市产生了对物质、对资源的需求，对资源的需求包括土地、水、空气等等。同时城市也生产产品，这些产品输出包括废水废气等等。城市就像是一个新陈代谢的肌体，不断地吸进元素又产出元素，城市内部就是吞吐消化的过程，我们称之为生态足迹。如果城市本身不能够自我支撑，要想获得增长就必须从外部获得资源，必须不断地扩张，城市仅靠自身无法完成可持续、自给自足的增长。城市现在的面积越来越大，而且现在也形成了城市群。

我们也可以看到很多问题是全球性的，城市也变得越来越全球性，城市的食品可能来自世界各国，许多资源也是不分国界的，中国这样，世界其他国家也是这样，城市需求的来源越来越国际性，而且输入和输出都越来越具有国际性的特征。

那么，我们面临哪些挑战呢？挑战就是我们如何能够既保持城市的活力、动力，保持我们的活动不受阻碍，同时又能够减少我们的生态足迹，不会降低生活在城市中人民的环境质量、空气质量等，这就是城市化发展所面临的困难，这些问题放之四海皆准，无论是中国还是世界各地都有这样的挑战。

这里我提到了城市规划，现在我们更加细节化地来看一看，我们已经知道了挑战是什么，问题就是我们如何进行城市规划，在实际中如何来操作。我们需要将这个问题细化，把它分解为一个一个能够具体解决的问题，再一个一个来击破。

我想举一些例子，告诉大家如何将一个大的挑战进行细化，分为一个个可以击破的小问题和小挑战，同时帮助大家在城市规划中予以解决，这也是跟城市的新陈代谢有关。比如，城市规划中很重要的一点就是交通规划。我们看一看整个城市规划的历史和全世界城市环境规划的做法，这当中很重要的一点是区分和划分，要将城市划分为不同的功能区域，区域当中有不同的功能。比如，我们通过城市规划的审批，让 A 地作为一个生产区域，B 地是一个工业区域，还有 C 地等其他功能区域，这是我们多年来做城市规划很重要的传统。但是这样的区域规划，这种区域的独立划分、区分和分割，在一定程度上影响了城市不同区域之间的连接性，影响了他们之间的互动性，并在这个过程当中增加了对交通的需求和压力。

对于现在来说，新的交通规划、城市规划的理念，就是要在城市区域的功能划分的同时也要考虑他们彼此之间的连接性，不能因为城市不同区域的功能区别而增加人们交通出行的负担，从而带来环境的负担。在这个过程中，其实是一个很微妙的平衡，我们既要让城市不同区域的功能得到有效发挥，而同时又不能因为功能的区分而带来交通的压力，这是一个两难境地，是我们要解决的窘境。要解决这样的两难问题，一方面是混合的应用，通过混合交通的方式，另一方面是混合功能的连接，实现绿色的发展。

例如，我们将城市划分为四个区域，标准就是看它们的功能和交通连接性之间的权重和分比。不同的区域可能是在混合交通的方式上应用程度比较低，可能会带来相应功能的麻烦比较少，但是有一些区域我们要通过不同的交通方式，增加它的连接点，而连接点交通压力的下降，有可能对这个区域的功能带来新的麻烦。我们始终在进行探索，在平衡不同的区域功能和不同区域之间交通连接，在寻找混合交通方式使用之间的平衡点。我们还要思考，在这个地方，除了这个区域的目的之外，旁边的这个区域目的之间和它又会实现什么样的连接和沟通。在一个区域的基础上增加第二个区域，我们在进行分析的时候，就要分析这个区域的功能会带来什么样的人为活动，而不仅仅是考虑这一块土地的用途。在这个过程中，我们要更加多元化地去思考城市的规划，而不能像过去那样仅仅是从区域的功能去思考城市的规划。在这个过程中，新的理念和过去相比，有它的优势，因为这个新的优势不仅仅是关注表象区域功能、开发土地用途，更多是关注软的层面，也就是说这个用途会带来怎样的人为活动，而这个人为活动又会对城市环境产生怎样的一系列影响，通过更加多元化的人性化思维方式，来进行城市区域的规划。

我想这样的方式，能够带给我们更多的确定性，因为我们在思考的时候，考虑了这样的目的会带来怎样的人为活动，避免了一些人为主观的任意性。不像过去想将这里划为生产区，但是不清楚究竟有怎样的人为活动，只是作为生产用地进行规划，这样的传统规划方式确实会给后期的城市发展带来很多不确定性，因为在做规划时没有充分预见和考虑这种用途会产生怎样的人为活动。而现在，在进行城市规划、区域划分的时候必须考虑到随之而来的人为活动，这种思维模式给我们带来了新的视角。

讲到交通，我们说的是多元交通，既有机动车也有非机动车的交通。当我们做交通规划的时候，仍然还是以交通的模式进行交通规划，比如说铁路局做铁路的规划，航空局做航空的规划。但是如果我们站在一个使用者、一个城市的居民层面来看，可能在自己的行程中会用到多种模式，可能先乘地铁到机场，然后从机场乘飞机到另外一个地方，然后又乘火车到达下一个目的地。从使用者的角度思考问题，就涉及多种交通模式。因此我们做交通规划的时候，最好不要单一地通过交通模式的划分来做交通规划，如果按照单纯的交通模式进行交通规划，其实是有断层的。我们要看一看不同的交通方式里，什么时候产生了整合、产生了连接，而什么时候可能不同的交通模式之间甚至产生了矛盾和冲突，由于规划之间的断裂，不同的交通模式之间的冲突和矛盾是会出现的。如果我们能够以更加整体化的方式来进行交通的规划，那么就能够更加和谐地平衡不同的交通模式，从而进行更加科学、更加有效的交通规划。

Modiin 是一个新的城市，由于是一个新兴城市，在规划时可以用全新的理念，从无到有、从头做起。我们对这个地方进行规划的时候，整体交通规划就不再是区别不同的交通模式，而是用了非常一体化的总揽方式进行规划。在规划的时候我们是从使用者的角度来思考交通应该怎么规划，假设住在这个地方的居民，每天早上起来要去上班、小孩要上学，他下班之后要完成生活当中的一些活动，最后平平安安回到家。通过一个自下而上的方式，从使用者、居民的角度来理解居民的生活，从而进行这个城市的交通规划。我们在对这个城市进行规划时，采取了这种自下而上的一体化方式新理念，更好地实现不同交通模式的接驳，通过这样的多元接驳，减少交通给环境带来的影响，当地政府也采纳了我们的建议。这样避免了不同政府部门做自己不同的规划而形成的断裂，实际上我们进行了一个整合，使不同的规划得到很好的整合，从而实现不同交通方式之间很好的接驳。

同时，我们在城市的规划当中也要减少新陈代谢的负担。刚才我们将一个城市比喻为一个新陈代谢的有机体，需要有营养的输入，也会排出一些废物。在规划中我们要进行输入输出的设计，要减少浪费，比如说我们要进行食品的节约，要减少食物的浪费；要节约用水，要以更好更高效的方式用水，例如在市政、公民、居民的马桶方面，让马桶的冲水量减少，减少出水管的水压，或者是农业中进行滴溜灌溉，对废水进行回收利用等。在这里我们回收了 75% 的废水，利用到农业上，另外我们也引入了一些海水，加以充分利用。在能源方面，我们也大量应用了智能建筑，也就是绿色建筑，从而大大减少这个地方的能源消耗。

最后做一个简单的小结：对于城市来说，我们希望未来的城市规划，一方面能够保持应有的灵活性，另一方面，不能否定城市不断变化的本质，我们要适应城市的变化，在城市的规划上不断地革新，采用新方法、新思维方式来保持城市不断变化的本质特征。这些变化是我们不可能抵御的，这个过程中势必使用到一些新的工具和方法，我们使用的是自下而上的一体化规划的模式。

绿色校园与大学教育

沈祖尧

中国工程院院士
香港中文大学校长

　　我今天要讲的话题是绿色校园及大学教育，我们要将城市变革为绿色城市、绿色家园，在这个过程中我们要经历很多变革和创新。在转变的过程中，年轻一代的变革势必是不可或缺的，所以在这个过程中教育扮演着至关重要的角色。引用一句话，大学是社会教育的论坛，如果21世纪的大学不能够为他们的学生提供论坛和工具，让他们去探讨、思考学生们的职责是什么，不思考他们对社会对人类负有怎样的责任，不去发展他们在面临深水区时如何找到航向的能力，这样的学生就无法完成他们的使命，这样的大学也无法完成他们的使命。所以我们一定要记住，大学不仅仅是为学生提供信息、为他们提供培训，让他们未来成为富有、成功的商人，大学所做的远远不止这些，大学要让学生知道如何成为对国家、对社会、对全人类有用的人，这才是大学最重要的使命。

为了实现大学这样的使命，我们不仅仅要给他们灌输理论，我们还要做科研，还要做实践，还要让他们有一手的经历，让他们去做实验，在我们的校园里就开始做实验。

我们校园里有 70% 还是绿色的，是香港最美的校园，我们大学的特色是以人为本、培养人的全面发展，所以我们不但在教学方面，让我们的学生在专业上卓有成就，我们还非常注重自然、和谐和社会发展的重要性。

我们学校从每个学生第一年的教育就开始有绿色的教育。我们有 17 个本科专业是在环境、能源、可持续发展方面为学生提供教育，但是除了这 17 个本科专业之外，所有的学生在大学四年制的课程里，都需要在通识教育里修环境课程，也就是美国人所说的人文科学，使科学和人文融合在一起，无论是法律、医学还是工科学生，都需要接受这些方面的通识教育，环境就是我们通识教育的一部分。教育分为非形式教育和形式教育两部分，也就是说有一部分的教学是在课堂里，但是更重要的，是走出课堂去接受这些方面的教育，所以他们有游学团，有到外面参观、比赛。

我们八个学院里本科的课程都有一点内容是跟环境、跟可持续发展有关系的，无论是文科、理科、工科都有。我们学校有两个国家重点实验室，一个是农业生物技术国家重点实验室，还有植物化学和西部植物资源可持续利用国家重点实验室，这两个重点实验室都是与环境保护、农业有关系。我们还有五个重大研究领域，其中有两个也是跟环境、可持续发展有关系。一个是太空与地球信息科学研究所，另外一个是去年成立的环境、能源及持续发展研究所。中文大学在香港与南京大学、台湾中央大学缔结了绿色大学联盟，建设互动平台，创造更多绿色合作机会，提升学术水平及创新能力。绿色大学联盟包括我们共同的研究、海岸两地及世界气候的变化，学生可以从香港到台湾、从台湾到大陆，也可以从台湾和大陆到香港，交换交流我们在这些方面的教学和研究情况。

校园发展是社会发展的一个模型，把校园建设作为学生学习的途径之一，让他们知道今后发展城市、发展国家、发展社会可以怎样去做。2005 年开始我们就制订了一个目标，在未来的 20 年，到 2025 年之前，减少每一个人温室气体排放 20%，减少每一个人电的用量 25%，其实香港中文大学以及香港所有大学，从去年开始，大学学制从三年改到四年，也就是说我们所有大学人数都增加了 30%，如果我们不减少能源的用量、不减少温室气体的排放，大学就会变成最大的用电地方，也会成为最大浪费的地方，所以我们非常需要开展这方面的工作。

我们的建筑又是怎样的呢？我们新建筑的房子都是符合香港环保建筑协会（BEAM）的标准，并全面应用区域供冷装置。过去五年我们建设的教学大楼，都体现了环保的概念。去年刚建好的综合教学大楼和建筑系大楼，我们充分利用了自然阳光。每一栋大楼上都做了绿色的屋顶，除了种植物之外，我们还有一块农田在那里，可以种菜。大学饭堂里吃的蔬菜，有些就是在我们大楼的屋顶种植的。

应用可再生能源方面，大学过去十年已经装置了超过 1000 块太阳能电池，很多学生都住在学校里，所以太阳能就可以供给他们所有的热水以及用电。所有新的大楼都有能源效益证书，证明它是符合香港标准的。在住宿的范围内，学生每年都会参加一个比赛，这个宿舍和另外一个宿舍比赛，哪一个宿舍可以使用比较少的电，他们就可以有一个奖品。奖品是什么呢？就是宿费可以减少。在电上省的钱变成他们的宿费，这对学生也是比较好的奖励。

另外在减少废物方面，这是香港迫切需要的，在报纸上大家可能看到了，香港要新建三个堆填区，这在社会中发生了很多争议。我们如果能减少废物，就可以少一些堆填区。未来我们大学的目标是每一个人减少 12%，但是现在我们做的标准已经超过了原来制订的目标，我们希望在未来的几年里还可以继续减少。特别是在用纸上，开会时我们都是用 iPad，就不再使用纸张开会了。我们希望在未来的五年，所有大学使用的纸张可以减少 50%，这应该也是可以达到的目标。中文大学有一个湖，我们叫未圆湖，里面有荷花，很漂亮。水池里的水也是通过循环使用的。还有其他东西的再生循环。中文大学建在山上，我们希望学生尽量步行，以减少用车。我们还有绿色办公室，每天都在想办法监管、监控大学里的能源用量、减少废物的产生。我们在购买所有用品时，要知道材料的来源是不是跟环境保护有冲突，如果有冲突的话我们就不购买这种商品了。在香港郊区和城市里我们也会做很多教育工作。我们举办了"香港中文大学赛马会地球保源行动"，马会捐了 5000 多万港币，提供给我们在中学和小学方面做很多的教育工作。2009

年香港中文大学拿到香港环境保护金奖，这是香港第一所大学拿到这样的奖项。

绿色大学是我们的愿景，我们希望通过我们大学的理念、研究和教学，可以带动社会的参与，让城市和地球变成绿色的。相信对于年轻一代的教育，对未来社会绿色和可持续发展起着至关重要的作用，一定能够带动我们健康、和谐的发展。

基础设施·生态环境·城镇化质量

车书剑

国务院参事室特约研究员
原国务院参事

城市基础设施建设在城镇化的过程中是一个大问题。当前热门话题是如何积极稳妥加快城镇化建设以及如何提升城乡基础设施建设水平，这对加快我国农业现代化、加快城乡统筹发展、实现城乡一体化，无疑是一个巨大的引擎，提供了一个难得的机遇，为建设美丽中国绘制了一幅激动人心的图画。但是另外一个方面，城镇化也是一把双刃剑，过度城镇化与过快的城市化，带来的问题也是难以逆转的。

我国城镇化跨越了 50% 的历史门槛，进入了城镇化中期阶段，但是与三十年前相比，我们面临持续发展和转型发展的双重压力。城镇化面临人口多、资源相对短缺、环境容量有限等问题，以及城乡区域发展不平衡、不协调，城市综合承载力不足，城市环境如交通、水资源、空气恶化，农民工就业、住房、医疗、教育等突出问题影响城乡安定。产业空间狭窄，承载能力饱和，生产成本高企等等问题，都不能无视，也不能够视而不见。

推进城镇化过程是一个科学发展、协调发展的过程，历史的经验、教训告诉我们，城镇化的发展与建设必须与城市的资源、城市的基础设施承载力相适应，不顾及城市基础设施承载力，而盲目追求城镇化的发展速度的做法，只能恶化城市人居环境，危及城市安全运行，极有可能造成积重难返的后果。在实现中国城镇化的过程中，重要的是不断提高中国城镇化的质量和内涵，要强调循环发展、绿色低碳、生态节能等基本理念。要充分发挥小城镇聚集生产要素的潜力，增强城镇化的内生动力，加快生态城市的建设步伐，提高城市生态环境质量、城市管理、公共服务水平，特别是在当前，要抓住经济和社会转型的发展机遇，要将城市基础设施建设，特别是城市地下管网，供水、排水、电力、电信、燃气、供热等管线扎扎实实抓好，从而提升城市的承载力和吸引力，而不是单纯追求城镇化的速度。城镇化要优先考虑城市基础设施的承载能力，将城市安全运行问题、质量问题、生态环境问题放在总体规划上统筹考虑，千万不能旧账未还又添新账。

为了防止城镇化建设过程中的盲目性和随意性，一定要规划先行。在城镇化的推进过程中，要建立和完善城镇化科学发展的指标体系，即生态城市的指标体系。除了 GDP 指标之外，特别是社会人文指标，如公共服务设施、义务教育年限、失业率等等指标体系。这些城镇化的指标体系，直接关系着城市生态环境、城市人民的生活质量，关系到城市的安全运行，必须以认真严肃的态度，用这些指标来考量、评估、指导、约束、统筹城市化的基础工作，不能降低城市安全运行和城市生活生态环境的标准，盲目地追求速度。

历史的教训不能忘记，过去的几十年我国的经济和社会发展速度非常之快，这是令全世界瞩目的，但是毋庸讳言，过去几十年我国经济和城市发展模式、发展理念还存在着许多偏颇和缺陷，在单纯追求 GDP 的那些年，发展速度是以各种资源过度消耗、城乡环境质量恶化为代价的，为数不少的城市在塑造城市形象工程和政绩工程的同时，忽视城市基础设施，特别是城市地下隐蔽工程、城市地下管网投入甚少，致使城市基础设施欠账越来越多。许多城市排水管道多年不维修、不更换，一到雨季许多城市淹没在水乡泽国。近些年来北京、上海、重庆、南京等城市连续出现地下管网爆破、爆炸等问题，地面塌陷等等问题，城市安全问题和人民生命财产受到严重威胁。再比如说北川地震，并不完全是自然灾害造成的，根据建筑专家的考察，一些没有撤掉抗震办的、稍加防范的地区，比如在危房改造的过程中，对建筑进行加固了的城市和地区，在地震中损失相对较小；而那些坍塌严重的地方，全部没有城市防震机构。很多问题我们不能仅仅认为是自然灾害，忽视城市基础设施建设、城市建设过程中许多理念上的问题，也是与灾害产生的后果分不开的。20 世纪 70 年代地震多么严重，威胁很大，但是城市防震加固费用一年就有十几亿，各个城市又掏出相当一批资金，对危房建筑进行改造和维护，效果非常好，除了唐山大地震，其他城市很多年没有出现严重问题。但是现在，连续在北川、玉树出现的问题，到现在还没有认真研究、投入和解决。我们要认真总结历史教训，为什么会出现这些问题，谁去总结这些教训、谁承担这些责任，建筑学家、抗震专家有没有进行认真的总结？今后指导防震加固的问题、抗灾的问题应该如何研究？

再比如2012年北京水灾的问题，仅仅一场大雨，就造成如此重大的人员伤亡和财产损失，令人震惊。这说明我们城市的欠账还很多，一方面是地下空间的利用、地下管网欠账越来越多，但是另一方面，无数高楼在国内各个城市拔地而起，占全世界高楼总量近一半，这是多么惊人的数字。当前城市建设过程中的跟风问题越来越严重，比奢华、比高度，现在上海的最高楼是658米，全世界还要继续比，国内也在比，很多城市都在搞地标。这些问题我们不能不高度重视，这种奢华风气与我们过去多年偏颇的政绩观、形象工程有关，与我们的发展理念有关。虽然这些年在地下管网中很多城市加大了投入，但是这种投入也就是扬汤止沸，没有从根本上解决问题。

从诸多的问题不难看出，我国城市基础设施既落后又脆弱，可以说城市的承载力存在着许多的缺陷，城市的运营存在着很大的隐患，加之城市空气污染日益严重、交通堵塞问题成为每一个大城市都面临着的顽疾。这些问题如果不妥善地解决，城镇化靠什么去支撑？加快发展速度，岂不是又雪上加霜。城镇化应优先考虑城市基础设施的承载能力，必须将城市运行的安全问题、质量问题、生态环境问题放在整体规划上统筹考虑，千万不能旧账加新账，形成积重难返的问题。

城市的发展一定要遵循科学发展规律，不能盲目地追求速度，对城市的运行质量和安全问题要慎之又慎、重视再重视。

成果发布

走中国特色社会主义的
新型城镇化道路

魏后凯

中国社会科学院课题负责人
中国社会科学院城市发展与环境研究所副所长、研究员

　　中共十六大报告明确提出"走中国特色的城镇化道路"，十七大报告又将"中国特色城镇化道路"作为"中国特色社会主义道路"的五个基本内容之一，十八大报告进一步提出"坚持走中国特色新型工业化、信息化、城镇化、农业现代化道路"，2013 年中央经济工作会议则提出"走集约、智能、绿色、低碳的新型城镇化道路"。走中国特色社会主义新型城镇化道路，是走中国特色社会主义道路的重要组成部分，也是实现中华民族伟大复兴和社会主义现代化建设目标的重要战略举措。本课题研究以此为主线，深入剖析了中国城镇化的现状、特征和主要问题，揭示了中国特色社会主义新型城镇化道路的科学内涵

和重要意义，提出了新时期推进中国特色新型城镇化的总体思路、模式选择和政策措施，同时探讨了中国特色新型城镇化进程中农业转移人口的市民化问题。

中国城镇化面临六大问题和挑战

自改革开放以来，中国城镇化快速推进，城镇化率由 1978 年的 17.92% 提高到 2012 年的 52.57%，年均提高 1.02 个百分点。目前，中国城镇化率已经达到世界平均水平。世界城镇化率由 30% 提高到 50% 平均用了 50 多年时间，英国用了 50 年，美国用了 40 年，日本用了 35 年，而中国仅用了 15 年。在这种快速城镇化进程中，也日益面临着诸多问题和严峻挑战。

一是城镇化推进的资源环境代价较大。耕地资源被过多侵占，水资源危机日益加重，能源消耗急剧增长，资源利用效率低下，万元 GDP 能耗是世界平均水平的 2.3 倍、欧盟的 4.1 倍、美国的 3.8 倍、日本的 7.6 倍，未来制约中国城镇化的资源环境压力将进一步加大。

二是城镇化建设过度依赖土地现象严重。2001 — 2010 年，全国城市建成区面积和建设用地面积分别年均增长 5.97% 和 6.04%，而城镇人口年均增长仅为 3.78%；城市建成区面积年均增加 1762 平方公里，是 1981 — 1990 年的 3.25 倍、1991 — 2000 年的 1.84 倍。

三是城镇化进程中的不协调性日益凸显。城乡、区域发展差距过大，人口与产业分布不协调，城市内部新二元结构凸显，不同规模城市发展失调，呈现出特大、超大城市过度膨胀，中小城市相对衰退或萎缩的"两极分化"现象。

四是城镇化推进对文化和特色重视不够。一些地方在推进城镇化的过程中，对民族文化和本土文化不自信，崇洋媚外，大拆大建，忽视了对当地特色文化、文物的保护，大量历史文物古迹、名人故里、自然遗产、古村落被破坏，致使城镇建设缺乏特色和个性，文化缺失。

五是农业转移人口市民化进程严重滞后。2012 年，中国户籍人口城镇化率只有 35.29%，统计在城镇人口中的农业转移人口达 2.34 亿人。这些农业转移人口市民化程度仅有 40.7%，他们在政治权利、公共服务、经济生活、文化素质、职业技能等方面均与城镇居民差距均较大。

六是新型城镇化面临多方面的制度障碍。尤其在户籍、土地、社会保障、投融资、财税、社会管理等方面，现有制度设计不合理，严重阻碍了新型城镇化进程。尽快破解各种制度障碍，建立新型长效机制，是有序推进新型城镇化的重要保障。

新型城镇化具有丰富的科学内涵

走中国特色社会主义新型城镇化道路，就是要立足中国国情，针对城镇化存在的问题，以科学发展观为指导，坚持人的全面发展理念，坚持五位一体总体布局思想，走以人为本、生态友好、四化同步、城乡融合、城镇体系合理的中国特色社会主义新型城镇化道路，逐步形成资源节约、环境友好、经济高效、社会和谐、生态繁荣的城镇化健康发展格局。

一是以人为本。以人为本是促进人的全面发展的基础，是中国特色社会主义新型城镇化内涵的核心本质。坚持以人为本，就是要坚持"平等、和谐、共享"的发展理念，在未来城镇化推进过程中着力促进城乡、区域间以及不同群体间权益的平等、关系的和谐以及利益的共享。

二是生态友好。要坚持五位一体总体布局思想，把生态文明理念和原则全面融入城镇化全过程和各个领域，走集约、智能、绿色、低碳的生态友好型城镇化道路。

三是四化同步。要促进城镇化与工业化良性互动，积极有序推进农业转移人口市民化，实现人口集聚与产业发展的同步推进；促进城镇化与农业现代化相互协调，协调好农业人口转移之后的市民化问题和农村劳动力减少的生产率提升问题，全力提高城乡居民收入水平；推进城镇化与信息化深度融合，积极促进城镇智能发展。

四是城乡融合。融合共享是城乡关系发展的最高阶段，构建融合共享的新型城乡关系主要包括"五个融合"和"四个共享"，即城乡产业融合、市场融合、居民融合、社会融合、生态融合；城乡资源共享、机会共享、公共服务共享和发展成果共享。

五是城镇体系合理。充分发挥各地优势，突出城镇特色，推动形成布局合理、分工明确、等级有序的城镇体系和空间格局。在国家层面，积极培育 15 — 20 个国家级甚至世界级城市群和大都市圈，以此作为区域核心增长极，带动区域经济协调可持续发展。在区域层面，逐步形成大中小城市和小城镇协调发展，城镇空间结构完善、规模结构合理、职能结构分工明确的城镇体系。

中国已进入到城镇化减速推进的战略转型期

当前，中国城镇化率已越过 50% 的拐点，正在由加速推进向减速推进转变，进入到城镇化减速的战略转型期。在今后一段时期内，中国仍将处于城镇化快速推进时期，但相比较而言，城镇化率年均提高的幅度将会有所减缓。综合曲线拟合、经济模型和城乡人口比增长率三种方法的预测结果，2020、2030、2040 和 2050 年中国城镇化率将分别达到 60%、68%、75% 和 80% 左右。在 2011 － 2050 年间，中国城镇化率年均提高 0.793 个百分点，其中 2011 － 2020 年为 1.07 个百分点，2021 － 2030 年为 0.8 个百分点，2031 － 2040 年为 0.7 个百分点，2041 － 2050 年为 0.63 个百分点。预计在 2033 年前后，中国城镇化率将达到 70%，这表明中国城镇化的快速推进仍有 20 年的发展空间。

中国四大区域因发展阶段的差异，城镇化趋势将呈现出不同的格局。东部较发达省份城镇化增速将趋于下降，而中西部城镇化率偏低的省份，城镇化增速仍将保持在较高水平，各地区间城镇化率的差距将趋于缩小。采用城乡人口比增长率法进行预测，到 2020 年，东部、东北、中部和西部地区城镇化率将分别达到 66.7%、63.6%、53.5% 和 51.4%，2030 年将分别达到 73.0%、69.2%、63.2% 和 61.2%。

推进新型城镇化需要协调好六大关系

推进中国特色社会主义新型城镇化，必须坚持以人为本，以人的城镇化为核心，采用集约、智能、绿色、低碳的发展方式，全面提升城镇化质量，推动形成科学合理的城市化格局。为此，要抓好以人为核心的五个方面的战略重点，即有序推进农业转移人口市民化、强化城镇基础设施建设和公共服务供给、加大环境治理和生态保护力度、提升城市特色和城市品质、改善城市管理。同时，还必须协调处理好六个方面关系：

一是农业现代化与城镇化的相互协调。要坚持工业反哺农业、城市反哺农村的发展思路，推进农业产业化与规模化经营，推动农业企业化发展，改变传统农业生产与经营理念和模式，加快小城镇发展。

二是工业化与城镇化的良性互动。既要强调产业发展是城市发展的物质基础，防止城市建设盲目扩张；又要认识到城市发展为产业发展提供发展空间，防止片面强调产业发展，忽视城市基础设施和公共服务体系建设。通过集群式发展和产城融合，推动产业园区由功能分区向空间融合转变，充分发挥产业园区在产业发展空间拓展、城市空间优化方面的作用。

三是信息化与城镇化的相互融合。在城镇规划、建设和管理中充分利用现代信息科学发展的成果，加快应用普及信息化技术，最大限度整合、利用城市信息资源，用数字化手段统一处理城市问题，建设智慧城市。

四是城镇化速度与质量并重。在积极稳妥推进城镇化的过程中，坚持工业化、信息化、城镇化、农业现代化同步发展，更加关注民生和社会问题，强化城市管理和公共服务，全面提升城镇化质量和城市品质。

五是大中小城市和小城镇协调发展。优化生产力布局，引导产业从大城市向中小城市和小城镇转移，推动优质公共资源在不同城市、不同区域之间均衡配置，真正形成以大城市为龙头，以中小城市、小城镇为支撑，以农村新型社区为基础的城镇化格局。

六是城乡统筹发展。加快完善城乡一体化发展的体制机制，着力在城乡规划、基础设施、公共服务等方面推进一体化，促进城乡要素平等交换和公共资源均衡配置，形成以工促农、以城带乡、工农互惠、城乡一体的新型城乡关系。

因地制宜积极探索多元化的新型城镇化模式

中国各地地域差异显著、发展条件迥异、发展阶段不同，应当因地制宜，考虑自身的特点和发展实际，针对经济社会发展的突出问题和矛盾，探索符合自身特点和发展要求的新型城镇化模式。中国特色新型城镇化应按照体现科学发展理念、遵循城镇化基本规律、符合中国基本国情、借鉴国内外城镇化历史经验等基本原则，朝着民生幸福、城乡统筹、集约发展、环境友好、结构均衡的城镇化战略方向发展。

一是以城镇化发展的社会层面为视角，推进以民生为本、以改善民生为目的的民生型城镇化。强调将以人为本的理念贯穿于城镇化发展的各个领域，高度重视城镇化过程中的社会问题，着力解决城市民生问题，推动社会转型，以实现人民幸福和社会和谐发展。为此，要建立公平的社会体制，提高公共服务的水平和居民生活的品质，提供全面、平等、完善的社会保障，实现城市发展的共建共享。

二是以城镇化过程中的城乡关系为视角，推进城乡协调发展的城乡统筹型城镇化。高度重视城镇化过程中的城乡矛盾，着力解决城乡差距过大的问题，建立互补互促、协调统一的新型城乡关系，促进城乡共同发展。为此，要改革城乡管理体制，营造城乡共同发展的制度环境；要改善城乡结构，促进城乡一体化发展；要优化空间布局，引导城镇有序发展；要加大对"三农"的支持力度，缩小城乡差距。

三是以资源利用方式为视角，推进促进资源节约的集约型城镇化。在城镇建设过程中，强调节约和集约利用资源，提高资源利用效率，缓解城镇化过程中的资源约束，提高城镇的综合承载能力。为此，要集约利用土地资源，建设紧凑型城镇；要节约、保护水资源，提高能源利用效率，建设节水、节能型城镇。

四是以生态环境为视角，推进环境友好的绿色低碳型城镇化。高度重视城镇化过程中的生态环境问题，强调将生态文明的理念落实到城镇发展的各个方面，着力改善城镇生态环境质量，实现人与自然的和谐共处。为此，要加强城镇生态建设和保护，增强自然系统的生态服务功能；要加强环境污染的综合整治，有效改善城镇环境质量；要推动产业结构优化升级，建立绿色低碳型产业体系；要推广绿色建筑和低碳交通，打造低碳化的城市运行方式。

分层分类逐步推进农业转移人口市民化进程

城镇化实质上是变农民为市民的过程。中国农业转移人口规模大，市民化程度低、成本高，面临的现实障碍多，包括成本障碍、制度障碍、能力障碍、文化障碍、社会排斥和承载力约束等六大障碍，推进市民化是一项长期的艰巨任务。在2030年前，中国大约有3.9亿农业转移人口需要实现市民化，其中存量1.9亿人，增量约2亿人。未来应按照"以人为本、统筹兼顾、公平对待、一视同仁"的原则，积极推进农业转移人口市民化工作。

一是分阶段稳步推进市民化进程。既要有顶层设计，对全国推进市民化工作的总体目标、重点任务、战略路径和制度安排进行全面规划部署；又要长短结合，明确各阶段的目标、任务和具体措施，制定切实可行的实施方案，分阶段稳步推进。从全国看，力争用20年左右的时间，从根本上解决农业转移人口的市民化问题，实现更高质量的健康城镇化目标。

二是多措并举全面做好市民化工作。针对外来农民工、城郊失地农民、城中村村民、本地农民工等不同类型的农业转移人口的特点、障碍、市民化意愿和现实需求，统筹规划，制定不同的市民化目标、路径和措施。对现有各项政策进行全面清理，取消按户口性质设置的差别化标准，禁止各地新出台的各项有关政策与户口性质挂钩。

三是实行分层分类的差别化战略。在推行居住证的基础上，分层次逐步推进落实各项权益。对于基本权益保障，当前都应该实行城镇常住人口全覆盖；对于基本社会保障，近期可重点针对稳定的就业群体展开，分期分批推进，逐步实现城镇常住人口全覆盖；对于其他公共服务，可逐步将符合条件的农业转移人口纳入，并逐年扩大范围，提高覆盖比例，最终实现城镇常住人口全覆盖。同时，针对不同类型的城镇和农业转移人口群体，分群、分类实行差别化的推进策略。

四是积极引导农业人口有序转移。积极培育壮大世界级、国家级和区域级城市群，推动形成全国三级城市群结构体系。对400万以上的巨型城市实行人口总量规模控制，对特大城市实行人口、产业和功能疏散，增强中小城市和小城镇公共服务、产业支撑和人口吸纳能力，依托大中小城市和小城镇共同吸纳，促进人口与产业协同集聚。

五是建立多元化的成本分担机制。充分发挥政府的主导作用，加大各级财政的投入力度，设立专项转移支付，对农业转移人口集中流入地区给予补助，对市民化成效突出的地方实行奖励。鼓励企业、农民、社会积极参与，逐步建立一个由政府、企业、农民、社会等共同参与的多元化成本分担机制。

建立推进新型城镇化的长效机制和政策支持体系

走中国特色社会主义新型城镇化道路，提升城镇化质量，促进城镇化健康发展，必须创新体制机制，加快经济社会和行政管理等综合配套改革的步伐，构建推进新型城镇化的长效机制和政策支持体系。

一是建立城乡统一的户籍登记管理制度。按照"统一户籍、普惠权利、区别对待、逐步推进"的思路，建立全国统一的居住证制度，加快推进户籍制度及相关配套改革，清理与户籍挂钩的各项政策，为积极稳妥推进城镇化扫清制度障碍。

二是建立城乡一体化的土地制度。重点需要建立开放的农村土地流转平台，实行按市价标准补偿、收益共享的土地征用政策，对现有闲置和低效利用的建设用地实行清理置换，提高土地利用效率。

三是建立均等化的基本公共服务制度。重点需要完善基本公共服务供给管理制度，提高教育医疗资源的可获得性，提高社会保险的参保率，逐步推进惠及各类群体的保障性住房政策。

四是尽快恢复设市工作重新启动县改市。应尽快制定和颁布科学合理的城市型政区设置标准，积极稳妥推进，避免一哄而上。要继续探索中国特色的市镇体制，建立符合社会发展要求的政区体系。尽快恢复设市工作，重启县改市；积极探索"镇改市"的设市模式，逐步将一些条件成熟、镇区人口10万人以上的建制镇增设为建制市。

美丽城市建设面临的问题及对策

宋林飞

国务院参事室课题组负责人
江苏省参事室主任、教授

"美丽城市"是积极稳妥推进新型城镇化的重要目标，是"美丽中国"建设的重要组成部分。2012年，我国城镇化率达到52.6%，社会结构发生了历史性的变化。这标志着我国城市社会的来临。人们向往与居住在城市，是为了生活得更加美好。"美丽城市"建设应融入经济、政治、文化、社会、生态文明建设的全过程，是建设更高水平小康社会、基本实现现代化进程中日益凸显的中心环节。正如联合国人居署在《伊斯坦布尔宣言》（1996）中指出的那样，我们的城市必须成为人类能够过上有尊严、健康、安全、幸福和充满希望的美好生活的地方。

一、我国美丽城市建设的理论探索

各地政府提出了一些与美丽城市相关的概念，如宜居城市、生态城市、低碳城市、两型城市、幸福城市、智慧城市、园林城市、历史文化名城等。同时，建立了与这些概念相关的城市评价指标体系。

党的十八大报告提出："建设生态文明，是关系人民福祉、关乎民族未来的长远大计……努力建设美丽中国，实现中华民族永续发展。"各地积极响应，纷纷提出了"美丽城市"的发展理念，并努力进行实践探索。

二、我国美丽城市建设的实践探索

1. 美丽城市建设模式

近些年来，各地加强了城市环境保护与生态文明建设，美丽城市建设积累了一些实践经验，形成了"一核多元模式"。所谓"一核"即以生态文明绿色发展为核心；所谓"多元"，即具有不同的特征。具体来说，包括绿色智慧型、绿色人文型、绿色品质型、绿色效益型、绿色循环型、绿色统筹型等（图一）。

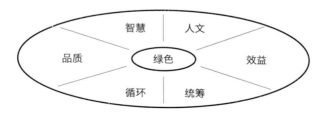

图一　美丽城市建设主要类型示意图

2. 美丽城市建设的样本与特色

绿色智慧型，重视物联网、云计算和数据挖掘技术在城市建设和管理中的运用，如北京实施八大行动计划，系统推进"智慧北京"建设。

绿色人文型，重在把握城市文脉的开发和延续，如南京彰显历史文化风采，建设现代化国际性人文绿都。

绿色品质型，着力提高人们的生活品位和生活质量，如杭州实施环境立市战略，打造森林城市品牌，建设"生活品质之城"。

绿色效益型，强调发展的效益追求，如深圳制订"效益深圳"统计指标体系、绿色 GDP 核算体系、民生净福利指标体系，提升城市整体发展效益。

绿色循环型，建设资源节约型、环境友好型和循环型社会，如天津努力节能减排，发展循环经济，建设生态城市。

绿色统筹型，突出城乡统筹，推进城乡一体化，如成都进行城乡综合配套改革试验，努力破解城乡二元结构。

3. 美丽城市建设的广州经验

2011 年底，广州市第十次党代会提出了新型城市化发展战略，作出了"12338"决策部署，明确提出"低碳、智慧、幸福"的城市发展理念，重视城市形象、生态建设，推进国际化、智能化，发展具有广州个性特色的商都文化。从而，初步形成了"花绿水城、集约低碳、智慧社会、开放包容、岭南特色"的"广州经验"。

三、国外城市建设与管理的经验教训

1.国外城市发展中遇到的问题

两极分化和城市贫困，"新城市贫困"起因于制造业向信息服务业转型带来的边缘性和劳动力过剩；

郊区化和城市蔓延，侵占了大量农田，破坏了生态系统的连续性，降低了公共服务设施利用水平；

内城衰退，保留了被遗弃的工厂、房屋及陈旧公共设施，低收入家庭、贫困者、失业者相对集中；

交通拥堵，工作和居住地分离，城市主干道路不足、不畅；

环境污染和生态破坏，先污染后治理；

治安和暴力犯罪严重，与生活贫穷所引发的"道德贫穷"、缺乏有效的家庭约束和家庭照顾等有关。

2.国外解决城市问题的探索

以创意产业发展重塑城市活力，"创意城市"成为新的推动城市复兴和重生的模式；

通过贫民窟改造疏缓城市贫困，邻里复兴运动提供投资和工作机会；

以紧凑城市和精明增长理念阻止城市蔓延，推动混合用途的土地开发，土地利用集约化；

以绅士化和城市再生运动，中高收入阶层移入城市中心区，促进旧城复兴；

发展公共交通，优化工作、居住和其他服务设施的空间布局，改善城市交通状况；

建设生态城市、低碳城市以保护生态环境，形成"低排放、高能效、高效率"的城市发展模式；

注重城市历史文脉的保护。

国外城市建设与管理实践经验和教训，给我国推进美丽城市建设带来一些有益的启示。

四、我国美丽城市建设面临的突出问题

环境污染问题　总体上环境质量在提升，城市污水处理率、城市生活垃圾无害化处理率、建成区绿化覆盖率、人均公园绿地面积等逐年提高，但空气污染和水污染现象仍然严重，空气环境质量下降，空气优良天数减少，灰霾天气增加。水污染问题严重，城市饮用水安全受到威胁。

交通拥堵问题　在交通高峰时段，大城市拥堵现象严重。小汽车拥有量激增，近年来以每年1000万辆的速度递增，2012年达到8684万辆。

社会治安问题　1978年，全国刑事犯罪55.7万件，2009年达到530万件，2012年审结一审刑事案件414.1万件。近几年来，全国整体治安形势稳定，刑事案件总量有所下降，但经济犯罪、职务犯罪和网络犯罪凸显。

土地浪费问题　近30年来，城市建设用地不断扩大。各地开发区、大学校园圈地现象严重，有的大学竟然占地万亩。

旧城改造问题　旧城区、"城中村"等脏乱差与公共设施不足等问题比较严重。旧城改造缺乏总体规划，改造行动零星分散。

建筑特色问题　许多城市形象雷同，真可谓"千城一面"，

同时还存在竞相攀比建摩天大楼的现象。据各地规划，2016年中国的摩天大楼将超过800座，达到现今美国总数的4倍。

社会融合问题　农民工不能够完全享受市民待遇，社会保障水平低，子女受教育困难；"本地人"与"外地人"需要进一步增强文化认同与社会交往。

公共服务问题　公共服务资源不足，公共服务资源配置不均衡，优质资源仍然集中在中心城区，财政投入相对偏低。

五、指标引领美丽城市建设

"美丽"首先是外在直观的美，要求城市绿色、生态、美观、洁净，具有符合现代审美观的视觉走廊。同时，"美丽"更要求有内在的美，要求城市宜居、安宁、文明、舒适。美丽城市建设的根本目的在于使人们生活得更美好，人们内心感到美好的城市才是真正美丽的。美丽城市的内涵，是绿色、低碳、自然的生态美，洁净、安全、畅通的健康美，集约、智能、开放的现代美，崇文、幸福、品质的人文美。为此，我们确定的美丽城市评估指标体系，包括生态美、健康美、现代美、人文美的四个一级指标，绿色、低碳、集约、洁净、安宁、畅通、智能、富裕、文明、崇文、幸福、品质12个二级指标，36个三级指标（表一）。

表一　美丽城市评价指标体系

一级指标	二级指标	三级指标	目标值
生态美	绿色	1. 建成区绿化覆盖率（%）	45
		2. 人均公园绿地面积（平方米）	20
		3. 新建项目绿色建筑比例（%）	100

续表

	低碳	4. 万元 GDP 能耗（吨标准煤 / 万元）	0.3
		5. 工业碳排放强度（每吨 / 万元）	0.15
		6. 人均碳排放（吨 / 人）	0.5
	自然	7. 国家级自然保护区数量（处）	1
		8. 国家级风景名胜区数量（处）	1
		9. 国家 5A 级旅游景区数量（处）	6
健康美	洁净	10. 可吸入颗粒平均浓度（mg/m³）	0.05
		11. 水功能区水质达标率（%）	100
		12. 生活垃圾无害处理率（%）	100
	安全	13. 万人刑事案件立案数（件 / 万人）	30
		14. 万人交通事故数（起 / 万人）	1
		15. 食品检测合格率（%）	100
	畅通	16. 万人拥有公共交通车辆（标台）	20
		17. 城市万人拥有轨道交通里程数（公里）	1
		18. 人均拥有城市道路面积（平方米 / 人）	20
现代美	集约	19. 研发投入占 GDP 比重（%）	3
		20. 单位建设用地 GDP 产出（亿元 / 平方公里）	20
		21. 人均日生活用水量（升）	170
	智能	22. 国际互联网用户占常住人口比例（%）	70
		23. 主要公共场所 WLAN 覆盖率（%）	95
		24. 万人发明专利授权数（项）	8
	开放	25. 机场旅客吞吐量（万人）	5000
		26. 入境旅游人数（万人次）	1000
		27. 国际通航点数量（个）	50

续表

人文美	崇文	28. 国家级文物保护单位数量（个）	25
		29. 文化体育和传媒财政支出占比（%）	4
		30. 图书馆流通人次占常住人口比例（%）	100
	幸福	31. 城市居民人均可支配收入（元）	40000
		32. 每千人医疗机构病床数（张）	6
		33. 人均社保和就业财政支出（元）	2000
	品质	34. 大学程度人口比例（%）	30
		35. 城市居民教育文化娱乐消费占比（%）	20
		36. 人均预期寿命（岁）	80

　　经评估，北京、上海、广州综合实现程度领先；北京、重庆、上海"生态美"实现程度领先，上海、南京、天津"健康美"实现程度领先，北京、上海、广州"现代美"实现程度领先，广州、北京、南京"人文美"实现程度领先（图二）。

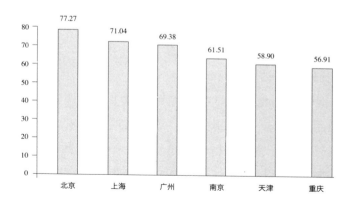

图二　美丽城市综合实现程度比较图（单位：%）

在六大城市中，广州的"崇文"与"洁净"排第一；"开放"排第二；"集约"排第三。广州美丽城市指标较薄弱的部分涉及碳排放、能耗、水耗、公共交通、社保投入、旅游景区建设等方面。广州需要更低碳，更自然，更畅通，更智能。

六、政策支撑美丽城市建设

推进美丽城市建设需要政策性支撑条件，需要采取有效的措施。建议实行"四个机制"与"四项工程"，积极稳妥地推进美丽城市建设。

1.建立城市规划的相对稳定机制

增强城市规划的权威性与相对稳定性，不能领导一换，规划就变。提高规划的公信力，规划修编必须依据与论证充分。提升城市规划的公众参与度，实行"阳光规划"，确保公众对规划的知情权、参与权、监督权。

2.建立城市建设的集约高效机制

推动各类园区及开发区的土地集约利用，防止无序发展与盲目圈地现象，提高园区土地的综合利用效率，建立有序的园区土地退出机制。

挖掘城镇用地潜力，盘活城镇存量土地。调整城市中心区的产业用地结构，"退二进三"。鼓励各类投资者参与开发改造"城中村"。引导城郊农村住宅逐步向中心村和小城镇集中，企业逐步向工业园区集中。建立和完善城市地下空间开发利用的运行机制。

3.建立城市生态产品公共化机制

党的十八大提出，要加大自然生态系统和环境保护力度，实施重大生态修复工程，增强生态产品生产能力。增加生态产品供给，既需要政府引导，也需要市场推动。

完善多元投入机制。确保公共财政每年用于环境保护和生态建设支出的增幅高于经济增长速度、高于财政支出增长幅度，对生态红线内因实施生态保护而形成的贡献给予生态补偿。充分发挥市场机制作用，实行财政补助、贴息等办法，吸引银行等金融机构对环境保护项目进行贷款。鼓励民间资本参与环境治理和生态建设，支持生态环保类重点企业上市融资。

扩大社会参与机制。建设绿色学校、绿色企业、绿色社区，鼓励绿色消费。加强对生态环境违法行为的舆论监督。

4.建立城市管理的法治保障机制

加强城市建设与管理的立法。根据城市发展的新情况，补充制定相关的地方性法规和政府规章。建立便于市民充分参与立法过程的多种平台。

改善城市管理执法。从人治向法治转变，强化城市管理的监督职能，不断提升城市管理的依法执法和为民执法的水平。加强教育，提高城管人员素质。进一步转变执法人员的作风。

建立社会矛盾多元调解体系。依靠专业化队伍、运用专业化知识，有效化解矛盾纠纷。创新法律援助机制，扩大受援面，拓宽受援渠道。加强法律服务中心规范化建设，构建城乡一体、覆盖面广的法律服务网络体系。

划定"生态红线"，违反了就该问责。经济发达与人口集聚区域必须优化国土空间开发，控制开发强度，确保本地区生态红线面积不低于20%，形成刚性约束。制定专门的监察管理办法，把"红线"守住。同时，还要把公共安全和社会稳定的"底线"守住，努力化解城镇化进程中环境保护、政府债务等领域的矛盾与风险。

5. 实施市民健康工程，促进城市水环境和空气质量改善

实施城市水环境保护和治理行动，不断提升水环境质量。实施水污染源头分类治理的措施。鼓励工业尾水处理回用、清洁生产。严格控制有毒农药的使用，加大畜禽养殖污染治理力度。开展城市河流综合整治，建设碧水环绕的城市水系网络。

实施大气环境治理行动，实现大气环境质量的进一步改善。优化能源结构，大力推进天然气、石油气电等优质能源代替煤电，逐步提高太阳能、生物质能、风能等可再生能源供应。进一步完善大气污染区域联防联控机制。

6. 实施城市安全工程，提高治安管理水平和食品安全质量

建立"预防为主"的城市治安管理体系。开展创建"平安社区"活动，根据社区人口规模配置社区警力，建立入户访查和巡逻为主的社区警务工作方式，创新社区矫治模式。

食品安全正成为城市居民最关心的民生问题，各级政府务必作为头等大事来抓。加大监管食品质量安全力度，确保城市食品质量安全。建立食品生产准入制度与黑名单制度，坚决淘汰违法的食品生产企业，实行企业法人的食品安全责任追究制。

7. 实施环境整治工程，提升市民居住质量

加快制定城市环境综合整治规划与技术标准。以综合整治规划为统领，制定综合交通、管线布置、城市风貌、绿地景观、历史文化保护等专项规划，分解整治任务。建立完善专家库，制定包括城市空气污染、环境噪声、水功能区水质状况、固体废物处置利用、垃圾无害化处理、生活污水处理等环境治理的技术标准。实施专项治理方案，推动各种整治落实并受群众欢迎。

集中整治突出的城市环境问题。针对当前群众反映强烈的城中村、棚户区、老旧小区、背街小巷、城市河道、低洼易淹易涝片区、建设工地、农贸市场、城郊结合部等环境脏乱差和设施不配套等问题进行集中整治。加快配套完善城市基础设施，着力改善城市市容面貌，创造舒适优美的人居环境和发展环境。

8. 实施民生幸福工程，提高城市居民的生活品质

民生优先，加快农民工市民化进程。要着力解决农民进城后融入城市的问题，推进城镇管理体制机制的改革与创新，促进人的城镇化。大城市先行先试，发挥示范作用。实行特大城市居住证积分制落户。明确规定落户特大城市的条件，公开透明，避免暗箱操作。实行积分制，对有关条件进行计量，积分包括基础分、附加分、扣减分。其中，基础分包括工作、居住情况、在本市缴纳社会保险年限；附加分包括受教育年限、技能水平和特殊贡献；扣减分包括不诚信记录和犯罪记录。根据积分高低，逐步让符合条件的农业转移人口落户。构建有利于人口集聚的财税管理制度。"钱随人走"，中央财政按实有人口规模补助地方公共服务资金。

加大农民工职业教育与培训。改革与发展职业教育，建立多元化的农民工培训与继续教育投入保障机制。整合各种教育资源，形成以公共培训机构和职业技术学校为主体，社会培训机构和大企业、龙头企业内部培训机构相配合的培训体系。

提高城市居民的就业质量。完善就业援助制度，采取政府购买公益性岗位等方式，重点帮助城镇就业困难人员、农村转移劳动力等人群就业。鼓励城市居民创业，优化创业环境，加大对创业的支持力度，使更多居民成为创业者。

建立完善的社会化养老服务体系。坚持政府主导与社会参与、家庭养老与社会养老、公益性服务与经营性服务相结合，建立以居家养老为基础、社区服务为依托、机构养老为支撑、投资多元化、管理规范化、队伍专业化的社会养老服务体系。

科技创新与生态城市建设
——以广州为例

李适宇

中山大学课题组负责人
中山大学教授

  城市的发展目标是为了创造和提供更好的人居环境，好的人居环境离不开优良的生态环境。当今世界，越来越多的人口集聚于城市，人类与城市生态环境间的关系达到了前所未有的紧密程度。广州是人口超千万的特大城市，生态环境承受着越来越大的压力，国家在将广州的发展提升到国家战略层面的同时，要求广州建成全省宜居城乡的"首善之区"。为此，广州应走新型的城市化发展道路，将生态安全、生态健康、生态文明的理念渗透到其建设规划之中，而科技创新是城市生态建设的主要推动力。

广州城市水环境管理与治理

（一）广州城市水环境治理成效与面临问题

近年来，广州在水环境治理工作上加大了力度，取得了良好成效，生活污水集中处理率已达到90.88%，点源污染基本得到有效控制，河涌整治的实施改善了部分河涌的水质，地表水水质逐年好转，集中式饮用水源水质保持100%达标。但是广州的水环境治理仍面临一些难题：①农业面源与城市地表径流造成的面源污染日益显著，已成为广州城市水体的主要污染源；②河涌截污工程的全面实施困难重重，中心城区、旧城区现有排水系统为合流制，雨污分流改造工程量较大，河涌整治目前未能达到预期效果；③广州目前利用的水资源大多属于过境水，而饮用水源中除了流溪河是完全位于境内的水源之外，其他饮用水源的上游均位于周边其他城市，污染防控难度大，存在安全隐患；④广州处于珠江三角洲河口区，水环境受潮汐影响，一旦产生污染则难以自净甚至可能累积。

（二）广州城市水环境管理与治理创新技术与对策推荐

1. 城市污水处理创新理念与技术

一些创新的城市污水处理技术的应用，有利于提高污水处理效率和废水回用率，减少污泥产量。

在绿色楼宇的厕所中，采用尿液分离技术，将原尿液和灰水与其他生活污水进行分离，对尿液和灰水进行单独传送、处理；在高压条件下实现对分离出的尿液和灰水的深井预处理；往预处理后的尿液注入海水形成鸟粪石,可作为农业肥料使用,从而实现尿液中磷元素的资源回收及再利用；分离了尿液的生活污水处理效率将会得到显著提高。

沿海城市可考虑采用海水冲厕，以节约淡水资源。运用含盐生活污水处理工艺（SANI），对海水冲厕产生的污水进行处理，与传统的处理工艺相比，可使生化污泥产量减少 90%，且处理过程无臭气产生。

污水处理膜技术具有系统稳定、占地少、化学品用量少、流程简单、节能、低耗、高效等优点。新型的膜处理技术包括有半死端超滤、双膜法、膜生物反应器（MBR）等。广州市京溪污水厂作为广州市亚运会配套项目，采用的便是当前世界最为先进的"膜生物反应器（MBR）处理工艺"，且整厂处理工艺设备采用"地下全埋式"，可节省宝贵的城市空间。

如果燃煤电厂、工业锅炉与污水处理厂距离较近，则可单独引一条管道，将高浓度亚硫酸盐溶液输送至污水处理厂，并按照一定的比例与生活污水混合后，通过 SANI 工艺加以处理。两项工艺联合使用后，可降低烟气脱硫过程中产生的有毒有害污水、废气的排放，同时极大降低剩余污泥产量。

新 OSA 工艺通过采用独特的浓缩池构造及 ORP 控制手段来实现 30% 以上的污泥减量效果，该工艺可由广州现有常用污水处理工艺经简单改造实现，无需新增氮气调控设备及氮气消耗，其新增厌氧饥饿池占地少，工艺出泥可直接脱水，改造投资低、减量效益高。

对于广州南沙等正在开发建设的城区或规划新建城区，可考虑采用上述创新的污水处理技术；在广州现有的污水处理厂推行新 OSA 等污泥减量化技术，可减少全市的污泥产量。

2. 饮用水处理技术探讨

饮用水常规处理工艺包括混凝、沉淀、砂滤和氯消毒等，但随着原水中有机物含量和微量污染物种类的增加，常规处理工艺已显得力不从心。通过采用强化混凝处理技术、生物预处理技术、氧化处理技术、吸附处理技术等进行处理，可提高饮用水中有机物或微量污染物的去除率。活性炭吸附技术、臭氧－生物活性炭技术（O_3-BAC）、膜处理技术、高级氧化技术（AOP）等深度处理技术对进一步提高饮用水水质发挥了较好的作用，在国内外都有一定的应用。面对复杂多样的饮用水源微量有机污染和越来越高的饮用水质要求，广州市应该根据各个水源地实际，采用先进处理技术，确保饮用水安全。

3. 面源污染管控创新技术与对策建议

相对于采用水质监测来评估面源污染控制措施，通过数学模型模拟分析面源污染管控措施所产生的污染削减效果，既经济实用，又便于在措施制定前期提供数据支持。通过建立流溪河 SWAT 模型进行模拟分析，发现流溪河流域面源氮磷占流域氮磷污染物总量的三分之二；模型模拟保护性耕作和优化施肥措施对流域面源污染的削减效果的结果显示，在仅占流溪河流域面积9%的稻田里应用"水稻免耕抛秧和稻草覆盖还田"技术，能减少流域总氮负荷的5%和总磷负荷的12%，而采用优化施肥方法则能在几乎不影响农作物产量的前提下减少流域13%的总氮负荷和25%的总磷负荷。

为有效控制农业面源污染，建议广州在农业发展规划和农村环境整治规划中，引入最佳管理措施（BMPs）理念，基于农业发展的现状，合理设计工程措施、耕种措施和管理措施，并将这三种措施进行有机结合。

为有效控制城市地表径流,应推行低影响开发(LID)模式,推进分流制排水系统、截污工程的建设,在排水系统中设计调蓄设施,开展雨洪利用。

4. 城市饮用水源安全监控技术研究

饮用水源污染事故预警系统的构建应涵盖事故前期、事故爆发期、应急处置期、事故影响消限期四个阶段,并集成环境监测技术、数据库、系统集成、水环境数学模型等众多技术。

通过构建珠江三角洲感潮河网一维数学模型,可以在发生污染事故时预测污染物在系统范围内河流中的输送路径与浓度变化情况,并根据需求提供到达污染物到达敏感点的时间和经过时间,为污染事故的应急决策提供数据支持。2005年的北江镉污染事件采用了该模型进行预警预测,为佛山和广州的饮用水源受影响程度及过程提供了准确预测,为应急救援决策的制定提供了科学依据。

企业偷排、航运事故等突发性水污染事件往往难以确定肇事者且无法获取污染源信息,不利于应急工作的实施,最近20多年来不少研究者开展了有关突发性水污染事件污染源追溯方面的研究。在众多方法中,后向概率模型能准确同时追溯污染源的位置、污染释放时间及污染物释放量,该模型仅需根据监测点位的数量驱动相应次数的模型,从而在响应过程中极大地缩短了响应时间。可用于最复杂的珠三角水系感潮河网和珠江口的基于后向概率模型的水污染源追踪模型已经建立,可用于追溯珠三角水系和珠江口水域突发性污染事故的污染源。

另外,将水环境数学模型和可视化技术进行结合,可为进一步决策开展提供有力支持。

广州城市环境空气质量管理与治理

（一）广州城市环境空气质量状况与影响因素分析

自 1970 年代以来，随着社会经济的发展以及不同大气污染控制措施的实施，广州的环境空气质量状况变化经历了四个不同阶段。目前广州大气环境中存在的污染物包括 NO_2、PM_{10}、O_3、$PM_{2.5}$、VOC 和 SO_2 等，已呈现出区域性、复合型的空气污染特征。

根据近三年的监测数据，广州环境空气质量出现轻度污染以上天数主要发生在 10 月、4 月和 1 月，NO_2 超标情况逐年改善，O_3、$PM_{2.5}$ 超标逐年加重，O_3、$PM_{2.5}$ 已成为广州主要大气污染物。

广州所在珠三角地区的空气质量，除直接受珠三角城市群大气污染排放的影响，还受来自南海的偏南暖湿气流、来自北方跨越南岭的偏北干冷空气相对强弱，以及珠三角上空是否存在逆温层等边界层气象条件的影响。

（二）广州近年环境空气污染治理和创新成果应用

广州近年应用了国家 973 项目、863 项目等一系列研究成果，同时以 2010 年广州亚运会空气质量保障工作为契机，有计划、分阶段实施了典型行业脱硫脱硝、改进燃料燃烧技术、改善能源结构、加强机动车污染控制、典型行业 VOC 排放控制等空气污染控制措施，开展珠三角区域大气污染联防联控，成功保障了广州亚运会空气质量。可见蓝天日数、灰霾日数的空间分布等监测统计数据都显示，亚运会后珠三角地区的空气污染防治成果得以巩固，环境空气质量得到持续改善。

（三）广州区域性复合型大气污染研究与治理对策

珠三角地区出现的灰霾天气与细粒子气溶胶污染有关，细粒子气溶胶的比重非常高。灰霾天气调控需要对形成细粒子($PM_{2.5}$)污染的光化学过程前体物进行调控，前体物主要是氮氧化物与挥发性有机物，来源包括工业源、交通源、有机溶剂、餐饮油烟等。治理细粒子污染是一个漫长的过程。控制灰霾或细粒子污染，最起码要控制 $PM_{2.5}$，实际应进一步控制 PM_1 和 $PM_{0.5}$。

外场观测表明，近年广州地区已出现光化学烟雾现象，臭氧污染比较严重。且臭氧作为一种重要的大气氧化剂，与 $PM_{2.5}$ 生成密切相关。很多研究发现，珠三角地区 VOC 是臭氧生成的限制性因子，但区域性大气复合污染的成因机理仍不太清楚。生物来源 VOC 在臭氧生成中的作用和贡献可能超过人为来源 VOC。要减少珠三角地区的臭氧污染，除要加强 VOC 排放控制外，还仍须致力于氮氧化物排放控制。

珠三角城市间的污染物输送对广州空气质量有明显影响，改善广州的环境空气质量，除广州需自身做好污染减排工作外，还需珠三角甚至广东省范围开展区域大气污染联防联控工作。空气质量与城市性质和发展规模与规划布局有关，在城市建设规划中需统筹考虑污染源分布、气象条件变化等因素。大气污染防治不能只靠环保部门的努力，需要社会各界的共同行动。

（四）模式模拟技术在城市大气环境研究中的应用

近年来，模式模拟技术逐渐被推广应用于珠三角地区城市大气环境研究，主要包括：①采用三维空气质量模式，模拟珠三角主要大气污染源对空气质量的影响；②采集广州隧道和路边空气样品分析广州机动车燃料变化前后 VOC 成分谱的变化，模拟分析机动车燃料结构变化对大气灰霾的影响；③利用三维空气质量模型模拟珠三角工业排放变化对 SO_2、NOx 及其二次无机气溶胶污染物浓度以及 $PM_{2.5}$ 浓度的影响；④利用新一代大气化学在线耦合模式，模拟城市扩张对包括广州在内的珠三角地区所造成的气象条件变化，并基于该基础进一步模拟气象条件变化对 O_3 浓度和二次有机气溶胶 (SOA) 的影响。

此外，三维大气数值模式、情景分析方法、敏感性分析方法、四维通量法等多种数学方法，也被用于定量分析珠三角大气污染物的跨界输送，相关研究包括：模拟珠三角各城市源排放对广州市近地层大气污染的影响；模拟大气污染物（SO_2、NO_2、PM_{10}）在广州和珠三角地区各城市之间的相互输送。这些研究成果均在广州亚运会空气质量保障工作中得到了应用。

广州城市生态保护与建设

（一）广州城市自然半自然植被研究与重新认识

自然半自然生态环境斑块，是保持生态完整性的基本单元，对维持城市生态安全有重大意义。研究表明，广州城市自然半自然植被斑块具有丰富的植物种类，在调查的典型植物群落 32380 平方米样地中，共记录到维管束植物 495 种，其中还包括珍稀濒危物种，说明城市自然半自然植被斑块具有保护珍稀濒危物种的作用；广州城市自然半自然植被斑块的物种多样性、生物量和表土有机碳从演替的早期到后期增加，群落的结构趋向复杂，演替晚期的植物群落具有地带性顶级群落的相似特征；广州城市自然半自然植被斑块的生态系统服务功能总价值达92245.18 万元，其中以白云山地区和天鹿湖－凤凰山地区的自然半自然植被的生态价值最高；广州城市自然半自然植被被斑块单位面积生态系统服务功能价值是广州城市绿地的 2.56 倍。随着正向演替，这些自然半自然植被斑块的生态服务功能还会明显提高。

广州城市自然半自然植被斑块含有较丰富的生物多样性和乡土植物，具有较高的生态系统服务功能，在维护城市生态环境中发挥重要的作用。应通过城市总体规划、环境保护规划以及生态立法等手段保护现有的城市自然半自然植被斑块。

（二）广州城市景观生态格局现状及其动态

遥感、地理信息系统（GIS）等技术已被用于开展有关广州的城市景观生态格局现状和动态变化方面的研究。

1. 广州城市景观生态格局现状

广州的城市用地主要集中在中心片区和东部片区，其次是番禺和北部片区，林地是增城和从化两片区的主要土地利用类型，番禺和南沙水体面积较大；广州生态用地面积占总面积的比例高达 76.3%，但建成区特别是老城区中的生态用地较少。

2. 广州城市景观生态格局动态

随着城市化的发展，广州的农用地和林地面积持续下降，建设用地面积则持续上升；农用地主要以转变为建设用地为主，林地以转变为建设用地、农用地、园地和灌草地等为主，城市建设用地的转化最少。广州各片区内景观形状较简单，除番禺片区外，所有时段内各规划片区的斑块密度（PD）基本表现为上升趋势，表明景观破碎化程度加剧，景观受人工干扰程度较重。整个广州的多样性指数前期呈现增加，随后呈缓慢增加的趋势，而近年的情形或可看作基本稳定的情形，说明景观生态格局正逐步趋于稳定；从质心移动的距离来看，从化片区农用地和建设用地质心轨迹变化值最大，南沙片区的两种土地类型的质心呈东南向移动，是城市扩展朝南以及填海造地朝东南海域的反映。

花城、绿城、水城

——提升广州城市生态竞争力的战略与行动

蔡云楠

中共广州市委政策研究室课题负责人
广州市城市规划编制研究中心副主任

　　党的十八大明确提出把生态文明建设放在突出地位，努力建设美丽中国，实现中华民族永续发展的战略要求。生态文明已是当前我国城市发展的大势所趋，其外延和内涵早已超越了单纯的节能减排、节约资源、保护环境等问题，而是提升到了城市转型发展的新高度。

　　新时期的广州，城市转型升级是重中之重。历经改革开放三十多年来的高速发展，广州经济社会发展模式全面转型的外在和内在压力日益显著。2011 年 12 月，广州市委、市政府适时提出了探索推进具有广州特色的新型城市化发展战略，吹响了广州城市发展转型升级的号角。

生态文明与城市转型发展的新要求使得以 GDP 论英雄的传统经济竞争不再是城市追求的唯一目标。体现可持续发展、考量城市绿色增长能力的生态竞争力，成为了生态文明背景下城市发展更加关键的因素。

"花城、绿城、水城"是建设广州特色生态城市的目标与品牌，也是广州探索新型城市化发展、提升城市生态竞争力的重要途径和策略，是新时期广州城市建设发展的重要方向。

针对如何建设好"花城、绿城、水城"，广州市委政研室牵头开展了本次"花城、绿城、水城——提升广州城市生态竞争力的战略与行动"的战略研究与制定工作。围绕"花城、绿城、水城"建设，以生态城市理论为支撑，以提升城市生态竞争力为切入点，深入剖析广州建设生态城市的基础与挑战，分析借鉴世界一流城市和国内一线城市生态环境建设与城市核心竞争力提升的内在联系和经验做法，按照"战略目标—实施策略—关键技术—行动计划"的框架，研究制定广州"花城、绿城、水城"的战略内容与行动举措，为广州长远的生态城市建设特别是未来四年的行动实施提供指导。

一、战略思路

广州"花城、绿城、水城"建设，既有着良好的生态自然本底和优越的发展条件，也需要克服因城市建设发展长期积累的问题。

通过对优势和问题的深入剖析，本次"花城、绿城、水城"战略研究与制定工作以提升城市生态竞争力为着力点，按照"发挥四大优势、破解四大难题"的思路展开。

发挥"四大优势"

广州地理区位独特，自然资源丰富，凭借自身优越的禀赋和长期的积累，广州生态城市建设已取得初步成效，为"花城、绿城、水城"建设奠定坚实的基础。

一是三江交汇、山海相接的独特区位。自古以来，广州为东、西、北三江汇合之地，总体上构成了广州"三江交汇、山海相接"的独特区域地理背景与山水形势。随着广州逐步向东、南拓展城市功能，将使珠三角形成以广州市为中心纽带，连接佛山、东莞、深圳的中国典型城市连绵带。

二是独具特色的优越禀赋。众所周知，"青山半入城、六脉皆通海"形象地描述了传统广州城市的自然山水格局。广州自北向南形成"山、城、田、海"交错分布的自然格局。同时，广州位于珠江入海口，水系资源丰富，河网如织，赋予了广州特色的岭南水乡景观。另一方面，广州丰富多样的自然条件为多种生物栖息繁衍和作物种植提供良好的生态环境。据统计，广州是全国果树资源最丰富的地区之一，花卉、经济作物、畜禽、水产和野生动物种类也很多，且不乏名优特品种。

三是坚持生态城市建设的长期积累。2002 年以来，广州大力实施"森林围城、森林进城"战略，积极推进"青山绿水、碧水蓝天"工程，至 2011 年，人均公园绿地面积 15.05 平方米，已建成绿道里程 2174 公里，居民出行 500 米见绿，生态城市建设初见成效。

四是利好的外部条件。随着广州大力开展"一二三"城市功能布局规划，积极筹划"2+3+9"重大战略性平台，城市结构与功能布局不断优化，为生态广州建设提供了良好的契机。

破解"四大难题"

在看到成绩与优势的同时，广州"花城、绿城、水城"建设的新形势下也面临着挑战。

一是总体生态资源利用"重发展、轻保育"。长期以来，广州城市发展重物质空间建设，对生态资源的保育不足。城市建成区的快速增长侵占了大量结构性生态绿地，带来了广州生态系统多样性降低、功能下降、热岛问题以及水资源安全等诸多难题。

二是生态要素保护"重个体、轻结构"。生态要素保护往往重视单一生态项目或者工程，忽视了生态系统的整体和结构性保护。花城、绿城、水城建设是一项系统性工程，单一生态项目不能有效建立生态要素之间的有机联系，反而会导致生态要素破碎化、孤岛化等问题的出现。

三是生态要素布局"重外围、轻中心"。生态要素空间分布不平衡，城市建成区生态要素布局不足。城市建成区由于功能集中，用地紧张，导致大量的"花绿水"等生态要素空间被占用。但这些地区往往是展示"花绿水"景观与特色的最佳地点，更需要引入"花绿水"生态要素进行疏解调节，应当适当增加"花绿水"要素的规模和数量。

四是生态要素利用方式"重观赏、轻功能"。城市生态建设过于注重形象美化，观赏功能有余而实用性功能不足。生态空间的服务功能，关键在于服务人的功能。"花绿水"要素的空间配置，要体现体现生态、经济、社会服务等多方面功能的综合。

总的来说，广州"花城、绿城、水城"建设，就是要发挥优势，利用机遇，认识困难，破解问题与挑战。在此基础上，拟定建设战略目标、实施策略和行动计划。

二、三大战略目标

彰显特色风貌，打造南国花城

按照"突出岭南特色，打造园林精品，展现花城风貌，丰富花事活动"的思路，用好"花"元素，做好"花"文章，营造"花"景观，彰显"花"特色，打造誉满中国、闻名海外的"南国花城"。计划到 2016 年，全市新增各类花园超过 500 万平方米，形成一批引领广州景观亮点的精品，一批展现广州特色的绿化门户景观带，一批惠及广大市民群众的休闲好去处，使广州真正成为"四季花城"。

维护生态安全，建设生态绿城

努力构建多样化、多层次、多功能的生态绿地系统，提升城市生态竞争力，全面推进森林公园、生态景观林带、森林碳汇、保护生物多样性四大工程。计划到 2016 年，新增绿化面积超过 100 平方公里，绿道里程超过 3000 公里，绿化覆盖率 41.5%，人均公园绿地 16.5 平方米／人，森林覆盖率 42.1%，保护好绿色生态屏障，维护好城市生态安全，建设好绿色生态广州。

促进人水和谐，构筑岭南水城

围绕"水资源合理利用、水安全有效保障、水环境生态自然、水文化异彩纷呈、水管理高效科学、水经济可持续发展"的要求，计划到2016年，新增水域面积1026万平方米、湿地面积2999万平方米、沙滩面积166万平方米，污水处理能力582万吨/日，在全国率先建成深层隧道排水系统，重点区域排水标准达到5至10年一遇，使广州成为彰显岭南水乡风貌的生态水城。

三、六大实施策略

理空间格局，显山水特色

结合广州自然山水生态本底与"花、绿、水"要素分布，以及广州城市"123"功能布局（一个都会区、两个新城区、三个副中心）构建"一江千涌南入海，百园千廊北连山，花绿水网映六城"的"花城、绿城、水城"总体空间格局。

在总体格局的基础上，结合"123"功能布局实施差异化的"花绿水"发展策略。都会区"添花、提绿、净水"，打造精致花城、宜居绿城和改善水环境；南沙滨海新城、东部山水新城两个新城区"显花、通绿、引水"，打造魅力花城、提升绿地可达性和打造活力水城；花都、增城、从化三个副中心"育花、留绿、护水"，展现乡野花趣、严格保护包括河流水域在内的生态资源。

加强生态廊道控制，强调引绿入城。生态廊道是基于山林植被与水系形成的，限定城市建成区的增长边界。通过"疏密

花城绿城水城空间发展策略示意图

"有致"的管控，防止城市无序蔓延，实现"绿"与"城"的有机融合。

加强基本生态控制线详细划定与强制性管控。在大生态空间格局基础上划定基本生态控制线，并结合立法，以"红线"式生态控制，弥补城乡规划中对生态用地规划管理内容的缺失。

研关键技术，提建设水平

花城、绿城、水城建设关键技术研究，是提升生态城市建设质量的重要保证，对于展现广州"花城、绿城、水城"的特色与水平具有非常重要的意义。从生态城市的绩效评价到支撑体系，从总体到分项技术，主要的技术类型可以概括为以下十类：

广州花城、绿城、水城建设关键技术体系一览表

技术体系	序号	关键技术分类	技术内容
一、城市生态规划设计与绩效评价	1	生态规划技术	城市生态功能评价
			气候地图绘制
			"一图双标"生态控制性规划
	2	生态绩效评价技术	土地利用与发展边界评价
			水环境改善评价
			局地大气环境评价
			生物多样性评价
二、花城、绿城建设关键技术	3	绿化提升技术	立体绿化技术
			荒山复绿技术
	4	特色景观营造技术	花期调控技术
			景观设计技术
			边际驳岸生态化技术
	5	植物筛选及养护技术	栽培繁育技术
			产业化技术
			种植养护技术
			植物配置技术
三、水城建设关键技术	6	水系生态修复技术	河流水系重点生态单元控制技术
			水利工程生态化技术
	7	水污染治理技术	废污水处理
			湖库污染控制
			水资源利用
四、支撑系统技术	8	绿色建筑技术	太阳能综合利用技术 水源热泵技术 分布式能源系统 雨水综合利用技术 TOD 发展
			交通与土地利用一体化技术
			新型交通系统
			新能源交通

10	低碳市政技术	绿地节水灌溉技术
		下凹式绿地技术
		园林式雨水调蓄技术
		园林植物废弃物资源化利用技术
		城市深隧
		综合管沟技术
		真空垃圾管道技术

寻本土特色、显岭南文化

岭南文化是"花绿水"元素的"精气神"。以广州自然本底资源为基础，挖掘独具本土特色的植被，展示广州特色，保护与弘扬岭南文化。

挖掘本土植被文化。岭南园林植物的选择与配置具有独特的本土风格，例如细叶榕、大叶榕、木棉等乡土植物在岭南园林中作为基调树种使用，代表了岭南地区的自然风貌。

展示广州花卉特色。广州自古就有"花城"的美誉，具有独特的花卉文化。广州人种花、爱花、赏花和赠花的习俗由来已久，清代中叶广州就形成了国内首创、闻名海内外的"迎春花市"，并形成广州特有的花卉语言。另外，广州的花卉贸易居全国第一，芳村是全国著名的花卉产区和集散地，有"岭南第一花乡"、"花卉之乡、盆景之地"的美称。

保护田园水乡风情。"岭南水乡"是珠江三角洲地区以连片桑基鱼塘或果林花卉商品性农业区为开放式外部空间，具有浓郁"广府民系"地域建筑文化风格和岭南亚热带气候植被自然景观特征的水乡聚落类型。广州应注重水系资源的保护与合理利用，丰富城市景观风貌，彰显岭南文化特色。

重品牌塑造，促旅游发展

建设以花城、绿城、水城为特色的生态城市，不仅是广州推广旅游品牌的重要举措，也是广州提升国际大都市品质和形象的重要抓手。

打造一批景观新亮点。打造一批既突出岭南特色，又能集中展现花城风貌的精品，引领广州绿色景观新亮点，彰显岭南园林特色，提升广州花城和绿城魅力。

构建休闲绿化空间。全方位建设社区公园、街头绿地、街心花园，完善游园功能，继续推进绿道网建设，串联城乡绿色空间。打造森林旅游品牌，形成森林旅游精品示范，推动广州森林公园建设和森林旅游也进一步发展。

挖掘水文化内涵。坚持治水与造湖、建景与人居相结合，对历史上留存的文化景点，原地进行保护。在整治水系及周边游览休闲景点时，结合岭南水乡特点，打造多个各具特色的水公园。

树先行样板，求全面突破

生态文明视角下的"花城、绿城、水城"建设，需要以具有辐射带动作用的战略性空间地区为载体，集中城市优势资源，先行建设生态城市样板区，以点带面，力求生态城市建设全面突破。

广州目前正以"123"城市发展战略为引领，结合"2+3+9"重大战略性平台，将"低碳生态"的规划理念和技术落实到重点地区的控规、修规及城市设计中，积极推进生态城市的示范建设。

如海珠生态城将打造为"花城、绿城、水城"生态城市样板区，是广州探索产业和城市转型同步升级、可持续发展新路径的示范工程；花地生态城依托独特的自然优势，整合土地资源，营造"花香水秀造境"的世外桃源，打响"千年花地"品牌，是土地节约集约利用，现代岭南水系生态景观的示范区；天河智慧城注重产业升级、科技创新，重点培育新一代信息技术产业，建设智慧广州的先行区，幸福生活演绎区，突显岭南文化、精明增长与创新精神的新型城市化典范。

建保障机制，保落地实施

制度建设是生态文明建设的重要内容，也是广州花城绿城水城建设的根本保障。

理顺工作机制。建设花城绿城水城是一项跨地区、跨部门、跨行业的综合性工程，必须加大领导和统筹力度，形成各部门相互协调，上下良性互动的推进机制。

完备政策法规。政策法规是搞好生态城市建设的基础，健全和完善花城绿城水城建设的政策法规体系，可以促进生态城市建设资源的有效管理、使用和社会经济的可持续发展。

多元化资金投入。健全投融资机制，拓宽投资渠道，建立花城绿城水城多元化资金投入机制。

强化公众参与。营造全民参与生态线保护的社会氛围，争取公众广泛的理解和支持。

四、八项重点行动

十大岭南花园

建设白云花园、麓湖花园、莲花山世界名花园、陈田花园、海珠花园、大沙河花园、蒲洲花园、甘泉花园、花都花园、科学广场十大岭南花园，让"公园变花园、花园成名园"。2013年计划开放陈田花园,实施麓湖花园一期及白云花园前期工作;由区、县建设的12个岭南花园完成前期工作并启动施工建设。

十大森林公园

建设流溪河国家森林公园、石门国家森林公园、帽峰山森林公园、大夫山森林公园、火龙凤森林公园、天鹿湖森林公园、王子山森林公园、黄山鲁森林公园、太子森林公园、龙头山森林公园等十大森林公园。加强基础设施建设，完善旅游配套，打造北部生态旅游区、中部都市生态休闲区、南部生态滨水区三大森林公园片区，把生态资源优势转化为旅游资源优势和经济发展优势。2013年重点开工建设流溪河国家森林公园、石门国家森林公园、帽峰山森林公园、大夫山森林公园、天鹿湖森林公园、黄山鲁森林公园、太子森林公园、龙头山森林公园，继续推进火龙凤森林公园、王子山森林公园建设。

十大人工湖

建设荔湾大沙河湖、天河智慧东湖、黄埔龙头湖、花都湖、增城挂绿湖、萝岗九龙湖、知识城起步区人工湖、从化云岭湖、番禺金山湖、番禺湖。计划在2013年完成花都湖一期、二期工程，天河智慧东湖，番禺金山湖，凤凰湖，增城挂绿湖和从化湖建设，其中花都湖一期、二期工程，天河智慧东湖，番禺金山湖，凤凰湖等四个人工湖可向公众开放。

十大湿地公园

建设海珠湿地、花地湿地、天河智慧城核心区东部湿地、白海面湿地、增城湿地、花都湿地、黄埔长洲湿地、南沙滨海湿地、番禺龙湾湿地、萝岗九龙湖湿地。计划在 2013 年完成海珠湿地二期工程和南沙滨海湿地建设并向公众开放；2013年开工建设天河智慧城核心区东部湿地、增城湿地、花都湿地、黄埔长洲湿地。

十大公共沙滩

建设琶洲湾公共沙滩泳场、沙贝湾公共沙滩泳场、流溪湾公共沙滩泳场、南沙滨海沙滩泳场、从化人工沙滩、海珠生态城黄金岸线沙滩泳场、西郊沙滩泳场、荔城沙滩泳场、龙头湖公共沙滩泳场、天河银滩。计划 2013 年完成西郊沙滩泳场二期工程、琶洲湾公共沙滩泳场和从化人工沙滩泳场建设并向公众开放；2014 年完成沙贝湾公共沙滩泳场、流溪湾公共沙滩泳场、荔城沙滩泳场和龙头湖公共沙滩泳场建设；2016 年完成南沙滨海沙滩泳场和海珠生态城黄金岸线沙滩泳场。

十大水环境综合提升工程

推进广州水博苑、荔枝湾涌三期综合整治、东濠涌综合整治二期工程、猎德涌综合整治、石井河片区河涌整治、牛路水库、深层隧道排水系统东濠涌试验段、同德围污水处理厂、广州北江引水工程、北部水厂一期等十大水环境综合提升工程建设。计划 2013 年完成广州水博苑建设并向公众开放；2014 年完成东濠涌二期综合整治、猎德涌综合整治、广州北江引水工程和石井河综合治理；2015 年完成深层隧道排水系统东濠涌试验段和荔枝湾涌三期综合整治建设；2016 年完成同德围污水处理厂、牛路水库和北部水厂一期工程。

十大道路绿化提升工程

建设机场高速及北延线、东南西环高速、广佛高速、新光快速路、南二环高速、街北高速、广河高速、北环高速公路、广深高速、南沙港快速路及鱼黄支线道路绿化工程。2013 年沿京珠、广深等高速快速路开展 11 条生态景观林带建设，增加林带 90 公里，总面积约 1.2 万亩。

十大绿道工程

建设都市动感绿道、生态海珠绿道、文化休闲绿道、西关风情绿道、增江画廊绿道、南国水乡绿道、滨海湿地绿道、萝岗香雪绿道、流溪风光绿道、滨水森林绿道。新增绿道 300 公里，推出 24 个亮点、12 条精品线，绿道使用率进一步提升。

围绕新型城市化发展战略，广州提出走以"花城、绿城、水城"为特色的生态城市之路，这既是机遇，又充满着挑战。

2013 年，中国社会科学院发布《2013 年中国城市竞争力蓝皮书：建设可持续竞争力理想城市》，广州生态城市竞争力在全国 287 个城市中位列第 10，在特大城市中的排名远高于北京、上海和深圳等城市。广州在保持经济竞争力的同时能取得如此高的生态竞争力评价，这反映了广州良好的生态基础和发展潜力。

但同时应该看到，生态城市建设是一项庞杂的系统工程，面临着资金、技术、管理等一系列复杂问题和困难，需要广州因地制宜、持续开展创新性的探索与实践。

生态城市建设的曙光已显现。广州需要继续发扬开拓创新的精神，开创富有广州特色的"花城、绿城、水城"建设新局面。

市长论坛：

环境治理
与生态城市

天津滨海新区
推进生态城市建设的实践探索

蔡云鹏

天津市滨海新区副区长

　　按照中央和国务院文件的定位，天津滨海新区是继深圳特区、浦东新区之后，中国要打造的第三个区域的经济增长极。从 2010 年建立以来，滨海新区一直保持着比较快的发展速度，到 2012 年底滨海新区的 GDP 已经超过了 7200 亿，今年将会超过 8000 亿。滨海新区的面积是 2270 平方公里，人口是 240 万，集中了天津大量的制造业，当然滨海新区也有 CBD，有一些第三产业、现代服务业等。滨海新区位于天津的东部沿海地区，天津的港口也都集中在这里。当前滨海新区正处在高速发展的时期，建设生态文明、打造美丽滨海是我们提出的目标，实现这个目标，既要经济高速发展，还要注重生态文明的建设。滨海新区建设生态文明的实践，可以概括为六个主要方面。

一是着力探索构筑绿色发展的指标体系。生态城市建设离不开科学的目标设计和方法指导，为了少走弯路和岔路，依托中国和新加坡两国政府合作的生态城项目——中新天津生态城。我们制订了一个有国际标准、具有新区特色的指标体系，包括22个控制性指标和4个引导性指标，以此来指导和规范新区的建设，借助细化方案进一步细化建设目标，覆盖城市建设、运营、管理全过程，明确了政府、企业、居民不同主体的责任，为稳步有序推进生态城市建设提供了保障。

二是着力追求合理高效地利用土地。建设生态城市进程中的一个重要问题就是考虑生态承载力的情况下，在有限的土地上创造出更多的经济产出。对此，我们在上述生态城市指标体系的引领下，将土地利用规划、城市建设、产业发展等方面的规划紧密结合，对六大类、58项规划进行了重新设立和系统提升，实现了控制性详细规划在滨海新区的全覆盖。通过开发利用盐碱荒滩和科学实施围海造路，积极拓展空间，合理布局城市公共配套项目，集中和集约布置相关联的产业和企业。

三是着力构建高端绿色的产业体系。工业生产是支持现代文明的基石，同时也是造成诸多环境问题的所在，滨海新区的制造业非常密集，重装重化企业众多，这既是滨海新区的优势，也给我们带来了环境保护方面的挑战。滨海新区将环境评价作为引进项目的硬指标，实行一票否决，着力引进优质的大项目、好项目，综合利用各种政策工具，将企业生态环保的责任和各类扶持企业发展的专项资金直接挂钩，引导企业推进节能减排，开展清洁生产、发展循环经济。

四是着力发展绿色建筑和绿色交通。根据有关部门的统计，目前在建筑和交通两项上合计消耗了中国 50% 以上的能源，大力发展建筑和绿色交通是建设生态城市的内在要求和必然选择。出于这样的考虑，我们制订了一套绿色建筑设计施工评价标准，出台了配套支持的政策，并且还是以中新天津生态城为试点。中新天津生态城只有 30 平方公里，是一个特殊的区域，在这里有特殊的政策和环境，我们在制订生态高标准时往往都是以它为试点，先期便取得了很好的成效。目前在生态城中所有的建筑百分之百符合绿色建筑的要求。同时，我们在全区新建建筑中推广以上标准，加快对既有建筑的节能改造，力争将滨海新区的所有建筑都建成低碳、节能、环保的绿色建筑。滨海新区的绿色建筑指标高于国标，也高于建设部规定的很多指标要求。发展绿色交通方面，滨海新区规划建设了一环十一射五横五纵立体交通网络，覆盖整个新区，极大压缩了市民通勤时间，节约了出行成本，在所有新区的区域内我们采取 TOD 规划模式（以公共交通为导向的开发模式），将居住区工作场所、生活服务设施就近布置，提高低碳出行比例，同时初步建成了安全准点、便捷舒适的绿色指标运行体系。

五是着力推广使用清洁和可再生能源。目前中国的能源结构以煤炭为主，比例在 70% 左右，这是造成我国生态环境诸多问题的原因。在这样的背景下，大力推广使用清洁和可再生能源，不断优化能源结构，已经成为中国城市践行绿色发展的必由之路。未来可再生能源利用率还会被积极地提高，并真正成为绿色能源的典范。滨海新区全区也在推广风电等可再生能源项目，以提高全区可再生能源的利用程度。

　　六是着力构建支撑绿色发展的优良环境。建设生态城市、实现绿色发展，离不开政策、市场、人才等方面的支持。技术方面，滨海新区依托约占全国 20% 左右的京津两地人才资源，建设研发中心和实验室，为打造绿色生态城市提供了技术保障；政策方面，滨海新区出台了一系列支持绿色发展、加快传统产业升级改造，鼓励科技性节能减排等方面的政策措施，并且逐一设立专项资金，建立与 GDP 挂钩的长效机制；人才方面，滨海新区大力引进人才，已经聚集了各方面人才大约有 70 万，夯实了人才储备；市场方面，滨海新区也建立了绿色市场运行体系。

贵阳市推进
生态文明建设的思路及实践

吴　军

贵阳市副市长

我将以贵阳市为例，给大家做一个介绍。分为三个部分，基本情况、主要做法、党的十八大以来开展的工作。

一、基本情况

我国于党的十七大首次提出了"生态文明"的理念，2007年12月，贵阳市召开了市委八届十次全会，首次提出要把贵阳市建设成为生态文明城市的决定。2008年初，贵阳市委进行了系统的谋划，将生态文明指标、体系、基本原则、机制、资金管理办法等囊括在内，制订了为期五年的生态文明建设决定。从 2009 年开始，贵阳市围绕生态文明建设决定逐年层层推进。其中，2009 年制订了若干意见，2010 年作出了纵深推进生态文明建设的决定。通过这几年的发展，贵阳市在全球500 个城市的综合竞争排名中，从原来的第 42 位提高到第 4 位。

2008 年，贵阳市被住建部授予国家园林城市称号，2009年被环保部列为全国生态文明建设试点城市，2010 年被国家发改委列为全国首批低碳试点城市，并被评为十大低碳城市之一。2011 年贵阳市被国家发改委和财政部确定为全国首批节能减排财政政策综合示范城市。2012 年，国家发改委批复同意贵阳建设全国生态文明示范城市规划，成为十八大以来全国第一个批复的生态文明城市建设规划。2013 年贵阳市的生态文明城市论坛被确定为国家级论坛。十八大之后，贵阳市结合十八大精神，组建了贵阳市生态文明建设委员会。

经过五年的治理，贵阳市生态文明建设取得很大成就，大气环境质量明显改善，全年空气优良质量保持在 95%，同时贵阳市的水资源从劣五类稳定到三类，各项指标都在持续稳定的提升。

二、主要做法

总结贵阳市五年来的生态文明城市建设实践工作，我们着重抓了以下七项工作：

坚持规划引领 这几年来，贵阳市确立了由省委常委、市委书记任规划主任，相关的省市部门任规划建设委员会委员，从体制和机制上实现了对生态文明规划的保障。通过组织相关的控规和总规的编制，贵阳市共完成了 77 个专业的规划，实行了全覆盖，同时完成了对贵阳市生态功能区的划分。

坚持环境整治　贵阳市以"三创一办"为载体，全面加强对大气、水、森林的保护。

坚持结构调整　贵阳市坚持对一、二、三产业进行稳定调整，形成了"三二一"的产业结构。

坚持基础设施建设　这几年，贵阳市建成了三环十六射的骨干路网，同时启动了二环四路城市带 15 个功能板块的建设，优化了城市的功能布局，同时完善了对南明河水环境和两湖一库的综合治理。

坚持改善民生　通过推进"六有"民生行动计划和"十大民生工程"，贵阳市加大了财政投入，加大了治安管理的力度，并不断完善社会保障机制。

坚持机制创新　贵阳市出台了生态文明城市条例，同时也完善了相关的一些制度。此外，贵阳市不断地健全司法体系，在全国首家成立环保法庭和环保审判厅的基础上，将环保法庭更名为生态保护庭，成立了生态保护监察局、公安生态保护分局，理顺和加强了生态保护机制。

坚持政治建设　包括狠抓基层组织建设，积极推进党务公开等。同时，开展公开公布幸福指数测评，积极创新社会管理。

三、党的十八大以来开展的一些工作

党的十八大报告提出"五位一体"的战略发展总体布局，结合贵阳市的实际，我们编制了贵阳建设全国生态文明示范城

市规划。贵阳市提出要运用科学的方法，通过系统谋划、分类指导、狠抓重点、试点先行、充分竞争、善借外力，逐步进入生态文明新时代。通过采取"三个严格保护和两个最大限度"的保护措施，即严格的规划保护、执法保护和项目审批保护，以最大限度不占、少占林地和最大限度地恢复林地，确保实现林地总量平衡，加大了以两个环城林带为重点的全市森林的保护。同时，不断加大自然生态产品的生产力度，今年贵阳市启动了两个公园的整体提升和改造，同时完善了几个湿地公园的建设。通过不断加大城市绿化力度，坚持一手抓提升一手抓管理，贵阳市创模工作（创建国家环境保护模范城市工作）实现了新突破。同时，贵阳市通过强化节能减排，环境整治也取得了新成效。

我们始终坚持建设生态文明城市的思路和目标不动摇，并且正确处理加快发展与保护生态，提高速度与调整结构，发展经济与改善民生的关系，坚守生态底线，加强环境保护和生态治理，用生态文明的理念抓工作、干工作，建设天蓝、地绿、水清的生态文明城市。

珍惜资源禀赋，打造生态城市

谭建忠

洛阳市副市长

今天听了各位专家关于生态城市建设一系列研究成果的讲演，对我是一个巨大的鞭策和启发，我说三点：

第一，珍惜和保护城市资源禀赋

洛阳会加倍珍惜作为北方城市难得拥有的资源禀赋。洛阳是牡丹花城，洛阳牡丹甲天下。洛阳牡丹始于隋盛于唐，目前有一千多个品种，目前洛阳全市牡丹种植面积接近 8 万亩。1983 年以来，我们成功举办了共计 31 届河南洛阳牡丹文化节，牡丹是洛阳的一张名片，这是我们一个很好的资源。洛阳处于暖温带大陆气候带，年平均气温不超过 15 度，拥有三条重要的河流：黄河、洛河、沂河。作为北方城市，洛阳市的水量资源还算可以。此外，洛阳还是一个优秀的旅游城市，5A 景区、4A 景区、3A 景区的总量位于全国旅游城市第一位。河南省的 9 家 5A 景区有 5 家在洛阳，对外开放景区有接近 60 家。洛阳还是一个历史文化名城，位列 1982 年国务院首批命名的 24 个历史文化名城之中。继 2000 年洛阳龙门石窟成功申遗之后，我们现在还在做丝绸之路起点等的申遗。洛阳市的馆藏文物有接近 50 万件，不可移动文物有 1 万多处。

洛阳是千年帝都、牡丹花城。近几年来通过着力打造生态宜居城市，加快生态环境的治理，洛阳市每年的年均降水量都在增加。前年、去年、今年在个别地区比较干旱的情况下，洛阳市的降水量在逐年提升，其中，2012 年不到 10 月份降水量已经突破 1000 毫米，整个生态条件还是比较好的。从 20 世纪 90 年代初开始，洛阳历届市委市政府高度重视打造生态宜居城市，一届接着一届干，在保护生态、打造生态宜居等方面，我们的接力棒接得还是很好的，因此目前洛阳市应该说是一个生态宜居城市。当然，作为三线城市，洛阳市的经济发展的总量还是比较小的，2012 年，全市国民生产总值首次突破 3000 亿，财政的全口径突破了 400 亿。尽管如此，我们还是要全方位珍惜和保护我们难得的生态环境。

第二，以规划领先创建全国生态城市的实践

从 1992 年开始，洛阳市提出了创建全国生态城市的目标，通过几年的努力，做到了以规划引领生态城市创建工作。本世纪初，洛阳市提出生态建设的五大工程，推出了杨树林的建设工程、绿色通道工程建设，荒山绿化十年规划、村庄绿化十年规划，并且加快了城市绿化规划。经过全方位的打造，目前洛阳市基本实现了道路两边都竖起了两道绿色屏障，其中，接近3000公里的主要高速公路、快速公路、主要干道的旁边，基本上都是 20 － 50 米的绿道。在荒山绿化方面，洛阳市提出荒山全部要披上绿装，这几年洛阳市西部、西南部的几个县、市，生态绿化森林覆盖率也达到了 80% 以上。

第三，加快推进四个五年计划，打造生态城市

为打造成为生态城市，2011 年初，洛阳市委市政府提出了四个五年计划。当前的主要工作是加快推进四个五年计划。产业调整和升级计划是其中的第一个计划，即将用五年的时间，围绕 18 个产业聚集区建设洛阳，围绕产业结构调整与升级，基本实现周期性的提升，以实现与环境建设、生态建设的同步提升。洛阳是一个老工业基地，产业升级和产业结构调整转型的任务很重。洛阳市提出了打造碧水蓝天工程，现拥有四条河流，建成区 250 平方公里内的七条人工干渠，都修建于 20 世纪 70 年代，对此洛阳市提出加强四河七渠的治理，计划到 2015 年四河七渠的截污、雨污分流达到国家的标准。此外，要通过五年的努力，实现满城皆是牡丹花的计划。国务院关于加快推进中原经济区的指导意见中，针对洛阳市提出了一系列的定位，其中重要定位之一即国际历史文化名城，目前洛阳市围绕龙门、白马寺等安排部署了 57 个项目，全部建成投资在 300 亿以上。我们有信心有决心到 2015 年解决洛阳市主城特色和文化特色不突出的问题。未来洛阳将通过这些工程真正实现生态宜居的全方位目标。

花地生态城的建设理念

唐航浩

中共广州市荔湾区委书记

生态、低碳、环保是世界转型发展的时代潮流，荔湾区作为一个特大城市当中的都会区和核心区，如何实现人与人、人与自然、人与社会的融合和谐，这是我们一直以来面临的课题。

一、花地生态城的地位分析

2012 年，荔湾区全面拉开了花地生态城的建设序幕。花地生态城位于广州的西部，它实际上也是广佛肇经济圈产业聚焦区，广州西联战略的重点区，珠江前后航道商业与生态功能的交汇区。作为广州市"2+3+9"重大发展平台之一，它和北部白云山、南部南肺万亩果园，在广州的核心区形成"品"字型，广州市"云山珠水"城市生态格局的重要组成以及花、果、山的城市生态格局。此外，广州的前航道集聚了山脉文化和历史文化的传承，而后航道，从花地生态园再到海珠生态城，包括到长洲岛，以至于往南走到南沙湿地，则形成了一个生态走廊。

二、花地生态城的片区构成

花地生态城总规划面积 50 平方公里，其中可建设用地面积 34.12 平方公里，已建成面积 30.81 平方公里，基本农田保护面积 1.5 平方公里。外江堤防 27.2 公里，河涌共 87 条，常住人口约 21 万，流动人口约 15 万。花地生态城三大组团，包括广钢新城、白鹅潭、芳村花地。其中，"广钢新城"由原来的广钢白鹤洞生产基地和周边三个村同步改造，将打造成宜居宜业，富有近代工业文明特质的新型城市社区；"白鹅潭"在历史上是传统的物流中心，大量的旧站场、仓库成为该片区更新改造的重要资源，我们将以白鹅潭国际商业中心 3 平方公里区域为起点，以高端生产要素、高端产业链条集聚为目的，打造充满时尚气息，高效、活力、智慧的现代国际商贸功能区；"芳村花地"位于花地河以西，是"千年花乡、万亩花地"的主要承载地，在这 18 平方公里区域内，我们将突出水乡、花田、村落特色，遵循田园都市型的规划理念，打造以休闲、旅游、绿色科技产业为主的生态园区。

三、花地生态城的规划理念

我们规划和定位的理念是"以人为本、以文化为根、以花为魂、以水为脉、以绿为韵"。

以人为本 要有好的出行。规划建设"6+3"的大交通网络（6 条城市地铁：1、5、11、18、19，广佛线，3 条城际轻轨：广佛肇城际线、广佛江珠、广珠城际北延线），打造城市轨道交通、有轨电车、常规公交"三级"公交网络，每日人流量将达数十万，30 分钟交通覆盖人口近千万人，让荔湾区向城市发展的焦点、广佛都会区核心转变。好的居住。2010 年以来，退出了 32 家二产企业，否决了 52 个不符合环保要求的项目。以往一些地方是宜工作不宜居住、宜居住又没有就业机会，所以形成很多"单摆"。在新一轮的规划和建设中，我们将把这里变得更加宜居。近期这里将安排居住类项目 15 项、文化体育类项目 3 项、市政类项目 39 项、生态类项目 31 项。好的就医。现有综合医院 9 所，社区医院 18 所，通过实施医疗卫生设施布点规划，近期计划将新增 13 个医疗点。好的就业。这里原来是一个制造业集聚区，现在转为商业区，目标是将传统商业打造为电子商业，从传统的千年商都演变成为电子商务之都，并将船舶制造、钢铁制造变成为船舶设计中心、钢铁交易中心和时尚创意中心。如果说天河是时尚消费之地，这里未来将是时尚的创意推手、创意研发设计中心。好的就学。完善的教育体系和优质教育资料配套，现有中学 8 所，小学 18 所，幼儿园 18 所，通过实施中小学建设发展布点规划，计划新增中小学校 32 所。

以文化为根　花地生态城在历史上曾制造中国第一台柴油机，同时也有清朝洋务运动以及民国时期工业文明的印记，工业脉络非常清晰。但这里的城市化相对落后，现在常住人口也只有 21 万，差异性非常大。我们将秉持"在保护中更新繁荣，在更新中保护传承"的文化理念，深入发掘荔湾岭南水乡文化、商贸文化、工业文化、花文化、茶文化，以珠江岸线为重点，串联协同和机械厂旧址、柴油机厂、石围塘火车站等沿江近代工业文明遗址，打造珠江后航道工业遗产区。以广钢新城建设为契机，突出打造以工业遗产保护为主题的"广钢之轴"。

以花为魂　花地生态城曾经在历史上就是花地，有着千年花乡的美誉。这里的花，有的原来是没有香味，由于与海外的交流，形成了新的花香，如我们这里的玫瑰花传到法国，形成新的玫瑰花品种。目前这个地方虽然也种花、产花，但主要是花卉的批发、展贸，我们要在这个地方发展花卉产业，在原有花卉种植、交易基地的基础上，重点发掘花文化，大力补齐花展示、花旅游、花检测、花交易、花卉艺术培训等系列花卉产业高端链条。

以水为脉　这里有十里江岸、百里河涌，有很好的水网体系。我们要更多的考虑到它给人们出行和就业所带来的方便和影响，考虑两岸的生态和人们通勤的处理，"顺势而为"形成水路交通网。利用芳村片区河网密布的自然优势，沿水建立多层次复合的湿地生态系统，强化地区生态功能，重塑岭南水系空间肌理，营造水城相融的特色空间。

以绿为韵　这里原来是花田、花地，同时也有生态的区域。花地生态城将会规划 15.35 平方公里作为生态控制区，使它成为城市核心区的生态区域。同时我们将着力构建一个生态层次多元、物种多样的田园城市，并将荔湾区作为广州西部门户、广佛之心进行打造，所以将会有面向世界的现代商贸中心、面向全国的电子商务中心、引领华南的花卉产业基地、服务珠三角的时尚创意中心、面向广佛的中央休闲绿肺。

四、花地生态城的机制创新

花地生态城有 1 万多亩的农田，但是分散在 20 多个城中村中，怎样将它聚集起来，农田不增也不减，做到总量不变、腾挪空间、化零为整，这是我们下一步实施的原则。土地储备将实行"先出让后补偿、先安置后拆迁、政府主导、市场运作"的模式。城中村改造将推行连片改造、集中安置、综合考虑的方式。作为核心区的农民，已经不愿意接受征地了，那么他们的利益怎么统筹考虑，也需要我们综合的兼顾。要注重公共配置先行，实现综合辐射，保证公共服务的空间能够辐射到单元地块的公建配建。此外，要加强水网打造，顺势而为、因势利导、乘势而上。要以修复生态和提高防洪排涝为目的，顺势而为地处理水系网络，在河涌交汇处，利用水网天然优势，通过改造而形成湖面，构建一个稳定的自然湖泊湿地生态系统，有助于恢复生态多样性，也利于加强生态城的防洪排涝能力。

怎样面对兴衰，避免以往走过的弯路，避免适合居住就不适合就业、适合就业又不适合居住这样的问题，在新一轮城市化的发展过程中要更多地加以考虑，从而最终打造城市当中的一个生态区域，实现广州都会区核心区的优化提升。

共建美丽乡村　共享生态文明

卢一先

中共广州市番禺区委书记

　　番禺位于珠三角核心位置，至今已有2200多年历史，是著名的"鱼米之乡"，也是岭南文化重要发源地之一。全区总面积529.94平方公里，下辖6个镇、10个街道，有177个行政村、84个社区居委会，户籍人口80.6万人，实有人口达300万人，其中农村户籍人口29.17万人，占户籍人口的36.2%，农村面积355.1平方公里，占全区面积的67%。

　　党的十八大明确提出，要大力推进生态文明建设，努力建设美丽中国，实现中华民族永续发展。乡村是社会的基本单元，是群众生产生活的主要场所，也是美丽中国落实在基层的重要载体。就番禺而言，作为广州都会区的新成员，与老城区相比，农村地域广、人口多，正处于快速城市化阶段，只有把农村建好建美，全区生态文明建设才有坚实的支撑。同时，番禺农村普遍具有经济基础较好、文化底蕴深厚、岭南水乡风情浓郁等特点，建设美丽乡村具备良好的基础条件。因此，我们按照以点带面、循序渐进的思路，精心选定21个试点村，以"规划布局美、生态环境美、乡风素质美、生产生活美、城乡和谐美"为目标，着力从五个方面推进美丽乡村建设。

一是坚持规划引领，提升建设品位。以突出村庄文化内涵与水乡生态特色为导向，积极开展规划修编，使村庄发展规划、总体规划与土地利用规划有机衔接。邀请专业机构编制美丽乡村规划，制定个性化创建方案。如南村镇坑头村，提出建设历史古街区、生态休闲区、传统农业区、商业文化区、产业园区五大功能区，并突出生态优美、历史深厚、环境宜人、产业高端四大特色；沙湾镇三善村将全村划分为旧村生活区、新村生活区、"三旧"厂房改造区、生态农业观光区、现代生态农业生产基地、历史文化旅游区，实现新村旧村相辅相承、各项功能合理布局。

二是精选创建项目，营造宜居环境。坚持把项目建设作为美丽乡村建设的重要抓手，从解决村民反映较多的问题入手，确定252个建设项目，计划投资约10亿元。其中，环境综合整治方面，重点整治农村"六乱"，改造升级道路沿线、池塘、景观湖沿岸和公园绿化，开辟体育健身、休闲娱乐场所，营造宜居生态的生活环境。基础设施建设方面，重点抓好市政道路改造、道路硬底化光亮化、内街内巷改造等工程，改善群众出行条件，目前已基本完成所有行政村基础设施"七化工程"（道路通达无阻化、农村路灯亮化、供水普及化、生活排污无害化、垃圾处理规范化、卫生死角整洁化、通讯影视光网化）。公共服务配套方面，积极推动公交服务向农村延伸，实现"村村通客车"；扎实推进"五个一"（每个村有一个不少于 300 平方米公共服务站、一个不少于 200 平方米文化站、一个户外休闲文体活动广场、一个不少于 10 平方米宣传报刊橱窗、一批合理分布的无害化公厕）工程建设，农村公共服务设施不断完善。

三是注重保护传承，突显文化魅力。番禺历史名村、文化古迹众多，民俗资源丰富，我们十分重视保存历史文化记忆，对历史古迹，按照"修旧如故"原则进行修缮维护，如有着 800 多年历史、广州目前唯一的"中国历史文化名村"石楼镇大岭村，充分保留其依山而建、绿水环绕格局，着重对玉带河、龙津桥、文昌塔、白石街、显宗祠等古迹进行修缮，再现"蛎江涌头、半月古村"风貌。对民间民俗，我们从挖掘岭南水乡文化元素入手，积极组织飘色、咸水歌、龙舟、醒狮表演等传统民俗活动，经常开展私伙局送戏下乡、广场周末音乐夜等文体活动，注重收集整理沙田童谣、民间故事等，丰富村民精神生活、增添美丽乡村文化魅力。

四是加快转型升级，夯实经济基础。经济发展有实力，美丽乡村建设才有底气。我们积极引导和支持各村盘活资产资源，引进高端项目，发展特色产业，推动农村经济转型升级。如大龙街新水坑村，通过"腾笼换鸟"、"三旧"改造，成功引入动漫、生物科技、五金汽配、饮食娱乐等项目，村集体收入连续三年增长 30% 以上，2012 年达到 1800 万元。农村经济发展带来农民持续增收，2012 年我区农村居民人均纯收入 19763 元，增长 13.4%，增速连续五年超过城镇居民，城乡居民收入比缩小到 1.79∶1，提前实现广州"到 2015 年城乡居民收入比缩小到 2∶1 左右"目标。

五是突出公众参与，实现共建共享。美丽乡村建设既是生态工程又是民生工程，做好民生工程，群众参与是关键，群众满意是归宿。我们充分尊重民意、依靠民力，广泛发动村民和社会各界参与美丽乡村建设。在村庄规划工作中，我们邀请村民代表召开座谈会，听取他们对村庄经济发展、公共设施需求的意见，规划初步形成时再组织召开"规划工作坊"，向村民宣讲规划内容，进一步听取意见建议，努力让村庄规划更具人本性和可行性。在工程项目建设中，有些项目由于影响到部分村民和商户的利益，一开始不被他们支持，我们积极组织村"两委"成员、党员、村民代表上门释疑解惑、晓以利弊，有效做通村民和商户的思想工作，赢得他们的支持，一些村的老党员、老干部更是主动当起工程"监理员"。在精神文明建设中，我们组织开展"双百共建文明村"活动，安排 100 个文明单位和100 个村建立共建关系，各单位积极开展送资金、送科技、送文化、送爱心等活动，使群众满意度达 99%，并荣获广州精神文明建设创新奖。

美丽乡村建设是一项长期的系统工程，需要发动各方共同参与，需要坚持不懈付出努力。我们将认真学习先进地区的有益经验，力争把美丽乡村和生态文明建设提升到新的水平，更好地建设文明和谐、幸福美好的农村家园。

专题论坛一

生态文明
与城市发展

以环保法治推进绿色城镇化

夏　光

环保部环境与经济政策研究中心主任

　　李克强同志 2012 年 9 月在省部级领导干部推进城镇化建设研讨班上突出强调了"协调推进城镇化"，把它作为实现现代化的重大战略选择，这是深有含义的。强调"协调"而非"加快"推进，反映了我国城镇化进程中的主要矛盾是如何提高城镇化的科学发展水平，这是我国"十二五"规划"以科学发展为主题，以加快转变经济发展方式为主线"基本定位的具体体现。可以说，当前我国推进城镇化，既是一个为国家现代化建设提供新动力的必然选项，更是一个重视质量更甚于重视速度的新的发展战略，即新型城镇化战略。

　　在新型城镇化战略中，生态环境保护是值得重视和把握的重大问题。李克强同志指出"在城镇化过程中，如何在工业生产和城市建设中抓住重点领域和环节，推进节能减排，如何在城镇居民中推广绿色生活方式和消费模式，是一篇具有全局意义的大文章"，即在推进城镇化进程中，坚持低碳、环保的理念，走出一条绿色城镇化的道路，是当前协调推进城镇化的主要课题之一。绿色城镇化是新型城镇化的应有之义。

一、城镇化中的生态环境问题

城镇化中的生态环境问题，虽然既有城市发展中已经出现了的问题，也有当前农村中存在的问题，是二者的叠加和混合，比分别解决城市和农村的生态环境问题更为复杂和繁重，但由于城镇化是一个正在进行的动态过程，有些问题由于有所预见和采取对策是可以避免的，所以总体上说解决生态环境问题比问题已经形成了再去治理要更加主动和有利，这是为什么在城镇化开始阶段要高度重视绿色城镇化的原因。当前城镇化中的生态环境问题主要有以下几点：

一是生态系统质量下降。很多农村地区已经出现了过度开发的现象，几乎所有土地都被开垦利用起来，或垦作农田，或修建道路，或建设房屋，到处留下人类活动印记，原生生态系统所剩无几，"生态足迹"很高。有些土地垦而不养，表土裸露，地力下降。

二是工农业生产污染蔓延。大量乡镇工业在农村地区产生了持续的污染排放，这种企业的数量在不断增加。随着城市消费需求提高，大量污染排放量高的畜禽养殖业在城市周边发展起来，一头猪的排放量抵得上七个人的排放量。城市灰霾污染影响范围扩大。农业生产中还存在大量掠夺式的采石开矿、挖河取沙、毁田取土、荒坡垦殖、围湖造田、毁林开荒等行为，很多生态系统功能被严重损害。

三是乡镇居民健康受到环境污染的损害。过去人们认为农村就等于环境好，但现在很多地方这种天堂般的景象已不复存在，很多农村地区已几乎找不到未被污染的河流。乡镇地区的落后产业导致了铬、汞、镉、铅超标等健康后果，"癌症村"也不断爆出。

四是城镇卫生状况和农村人居环境质量下降。大量人口集聚在镇上，缺乏必要的污水处理厂和垃圾清运系统，导致污水横流，尘土飞扬。"污水乱泼、垃圾乱倒、粪土乱堆、柴草乱垛、畜禽乱跑"是我国农村比较普遍的景象。大部分农村地区的人居环境不能令人满意。"露天厕、泥水街、压水井、鸡鸭院"，卫生条件差，有很多不良生活习惯。

五是城市边缘地带环境脏乱。很多城市在城乡结合地带的环境管理十分粗放，几乎缺位。随着大量原生生态系统被开发成房地产，环境自净能力不断下降。周边地区扬尘增多，增加了城市中心区颗粒物污染的强度。

六是城乡之间的环境利害冲突加剧。垃圾填埋或焚烧选址、化工项目环评等各种环境社会性事件增多，各种污染事故几乎每天都有发生，"黑三角"、"锰三角"等集中性区域资源破坏和环境污染触目惊心。这些事故事件与群众健康关系密切，公众关注度强，赔偿成本和维稳成本高，都表明我国进入环境事故或事件高发期，与环境问题相关的潜在社会风险明显加大。

二、城镇化中生态环境问题的制度原因

一是还没有找到绿色城镇化的可行道路。城镇化进程很快，各地都在付出环境代价，也都在摸索绿色城镇化的办法。目前还没有制定出比较完善的新型城镇化总体规划。人们普遍缺乏对绿色城镇化的系统知识，即使是中组部、国家行政学院和国家发改委联合举办的专题研究城镇化问题的省部级和厅局级研讨班，也没有安排专门的课程讲解城镇化中的生态环境问题，在国家行政学院主编的《推进城镇化建设》一书中，仅有住房和城乡建设部仇保兴副部长在《新型城镇化：从概念到行动》中以一节的篇幅讲了环境问题，可见目前人们对绿色城镇化还缺乏系统的认识。

二是缺乏应对乡镇生态环境问题的基层政权。生态环境保护是国家的公共职能，但在很多乡镇，目前还缺乏可用的基层政权，没有环保局、监测站、执法队等组织机构，国家的环保管理职能难以延伸到乡镇一级。由于这种体制缺陷，目前地方党政干部也很难具备推进绿色城镇化的动力和能力，往往要在城镇化过程中不断付出环境代价后再来纠正，又走一遍先污染后治理的老路。

三是缺乏公众民主参与绿色城镇化的保障机制。城乡居民特别是农民是城镇化的主要参与者，但他们在城镇化过程中处于相对被动的地位，缺乏充分的民主参与保障机制，这样的群体很难成为绿色生活方式和消费模式的探索者和推广者，甚至在未来城镇化过程中还可能因为政治参与的不充分而成为绿色

发展的难题，例如有些公众在反对建设垃圾焚烧场的行动中所表现的那样。

三、环保法治在城镇化中的作用

协调推进城镇化有很多手段，其中强化法治具有特殊的意义。

第一，法治是促进人的城镇化和现代化的保障。我国城镇化已经取得了很大进展，对全球和地区经济发展都产生了重要的影响。今后城镇化的重点，要放在提高城镇化发展质量上，实现好的城镇化，防止坏的城镇化。城镇化不等于居住集中化、房地产化，最核心的是要实现人的城镇化和现代化，这是科学发展观以人为本理念在城镇化中的落实。城镇化法治建设不是为了单纯追求有序管理，更重要的是保障人的发展权益和提高人的文明素质。目前，我们在城镇化法治建设方面还面临很多艰巨的任务，例如在保障和提高城乡居民特别是农民群体在教育、就业、致富、福利、医疗、养老、环保等方面的基本、正当、合理权益等方面，法律法规标准等还有很多空白，现行制度中包含了一些不公平的规定和互相冲突的条款，导致社会不平则鸣，冲突不断。完善法治建设，要突破把城乡居民看作单纯的管理对象的意识，重视人的内心世界和精神文明建设，满足人们的文化和精神需求。应该在法治建设中注重激励人们的良善行为，重建社会道德秩序，促进形成公义、积极和活跃的社会氛围。

第二，法治是保护以土地利益为核心的民生权益的途径。

城镇化中出现的大量社会问题、民生问题和环境问题，都与土地制度不完善密切相关。我国城乡分割的土地制度、农村集体土地所有制的代表权属、农民房屋的产权、土地流转中收益分配、国土开发空间规划、生态环境变化等方面的问题，都源自土地或其他自然资源的法律地位模糊或扭曲，由此产生的权益错位和不公，使得城镇化越展开，矛盾越突出。过去，这些问题主要依靠政府强制手段来解决，但引发了大量尖锐的社会冲突，遗留很多长期难以解决的利益纠纷，农民利益受到很大挤压，地方政府也夹在其中苦不堪言。法治是解决利益冲突的有效途径，以土地法治为重点进行全面的法治建设，是协调推进城镇化的优先选择。

四、以法治建设推进绿色城镇化

法治的形成和实行过程，就是全社会在试错和挫折中不断提高科学发展和生态文明意识，总结和完善绿色城镇化制度的过程。当前，绿色城镇化的法治建设主要应考虑以下要点：

一是民主和科学地制定推进绿色城镇化的长远规划。开展城镇化与生态环境保护的战略研究，把生态文明的理念和要求贯穿到城镇化发展的全过程和各方面。以国土开发规划为重点做好新型城镇化的空间布局，通过规划把过度开发的国土回归原生态，让重要的生态系统休养生息、增强承载能力。以循环经济为核心规划产业发展，使城市成为资源循环利用的完整链条，塑造绿色城市模式。

二是逐步建设和完善基层环保的法律法规和体制机制。总结城乡环境保护法律法规建设中的经验教训和国际经验，专门针对城镇化制定超前的环境标准和相关法规，适当提高城镇化的环保门槛，实行从严从紧的环保政策和最严格的环保制度。在城镇化进程中超前建设环保机构和相应能力，完善环保基层政权。优先制定对各级党政干部的环保政绩考核评价和任用制度。

三是加快制定和完善保障城乡公众民主参与环境保护的制度体系。落实城乡居民在建设项目环境影响评价等方面的法定权利。实行更加宽松和有效的环境信息公开，发动全社会为绿色城镇化发展规划献计献策。加强环境司法对公众合法环境权益的保护。制定环境经济政策激励公众的绿色消费，制定环境政治政策鼓励公众的环保志愿者行动。

城市绿化空间的可持续规划

詹志勇

香港大学地理学系讲座教授

如何把绿化做好，在空间方面布局合理，规划一个合理的绿化计划，这包括很多的因素。我们研究的主要目的是想制定全面可行的行动计划。行动计划主要是想使我们的环境、生态、社会、经济效益最大化，并且能够使绿化基础设施优化。我们查阅了大量的文献，并且在多个国家、城市进行实地研究。

在研究过程当中，我们主要针对的城市是所谓的紧凑城市。紧凑城市也就是人口、建筑及道路密度非常高的城市。我们想提高绿化，就要使我们的绿化容积率最大化，绿色覆盖达到最大化。另外，在进行空间规划的时候，我们一定要以人为本，这样能够满足人类对绿地的需求。

　　我们进行绿色空间规划的时候，主要是想整个城市看起来是一座绿城，城市色调以碧绿为主，整个城市绿树成荫。进行绿地空间设计时，我们采用自然式的公园设计，模仿自然的景观及成分，这不仅仅是在树种上，还有树种的组成上都要进行很好的规划设计。

　　另外一种提高绿化率的方法是采用绿道、带状的公园设计。这种设计可以很大程度改变城市，并且提高城市绿化的功率及效能。我们知道现在很多城市都在街道两旁种植树木，使城市看起来更加绿色。有一个很好的案例是日本东京，他们在街道绿化方面做得比较好，而且使街道绿化率最大化。如果街道的空间足够大，我们也可以利用街道两旁的树木形成这种绿色隧道的效果。可以种植多排的行道树，而不仅仅只是种植一排树在街道两旁。

　　在我们进行城市绿化的开发过程当中，一定要保护城市现有的绿地。如果有可能的话，也要尽可能保护城市当中的天然树林地。现在能够使城市变得更加绿色的方法，不仅是在街道两旁种植树木，现在还有其他技术。比如说可以进行屋顶绿化，或者是可以进行墙壁绿化，都可以使城市看起来更加自然化。例如，垂直绿化设计。在垂直的绿化设计当中，可以采用一些美丽的花朵，并且选用一些藤本绿化植物，达到最佳的视觉效果。

　　在城市绿化的规划和开发过程当中，应遵循一些规划开发原则。第一个原则是，我们对城市进行开发的过程当中，一定要尊重现有的自然景观。在城镇化的过程当中，并不是说把原有的生态区都进行破坏，而是要进行更好的保护，从而使它融入到城市开发当中。在城市绿化设计过程当中，我们应该采用这种生态和自然式的融合式设计。这种生态自然的设计，不但满足人类的需求，也满足动物和植物的需求。

在城市绿化空间规划过程中，我们还可以运用园林景观的生态原则。在景观园林的生态原则当中，最基本的是我们要有大片的绿地，这个绿地越大越好，我们要有绿色走廊，走廊是要越宽越好，在开发中间，也要绿树环绕，这是我们绿色空间规划的基本原则。

在绿化空间规划当中，我们还要突出空间与绿色基础设施浑然一体。如果想提高城市的绿化率，最好的方法是把大片的绿地和绿色走廊连接起来，形成城市的绿化空间高连通性及广泛的网络。

另外一个原则，在绿色空间设计当中，我们应该把绿化空间和城市周围的乡郊联系起来，从而使城市整体看起来是绿意盎然的感觉，把郊野的新鲜凉快空气及野生动植物引进市内。

最后一个原则，我们应该把绿道和蓝道整合在一起。这里的蓝道是指城市的河流、运河。在设计绿色空间的过程当中，我们还可以运用城市生态原则，最重要的是我们应该把绿地连在一起，而不是把它们孤立开来。同样，我们应该保护原有的自然生态区域。如果我们能够对城市的自然生态区域进行很好的保护，就可以在很大程度上改变城市的绿化效果。

下面再给大家介绍一下，绿化空间设计过程当中，如何使我们的生态系统服务最大化。

在城市化进程当中，最为重要的是我们要保护这种优质的耕地。城市的绿色空间也应该满足一些社会功能，绿色空间满足多种社会功能过程当中，绿化空间应该适用于社会各个阶层，在考虑设计过程当中，应该有社会的包容性，也就是社会的和合性。除此之外，绿色空间还要满足社会活动、社会团结的功能。

在城市绿色空间的规划过程当中，应该鼓励公众的积极参与。除此之外，我们还可以从国际最佳实践当中来吸取一些经验，在国际最佳实践过程当中，指数是一个非常好的实现，它可以计算生态的价值。

变 CBD 为 ECD

——美丽城乡生态文化发展之路

刘滨谊

同济大学建筑与城市规划学院景观系主任、教授

城市绿地系统的建设，中国从政府一直到专业部门，这么多年做了非常大量的工作。风景园林界得到科技部最大的一项计划，就是城镇绿地系统研究，由我带领 25 家机构进行研究。

在长期的绿地系统建设当中，我有这样一个体会：现在城市建绿化，已经进行了大量的投入和建设，包括绿道建设，但最难的是如何在城市中央区、老区进行绿化建设。在 50 年前、100 年前没有这个规划，这类区域的绿地是非常薄弱的。在过去的若干年当中，配合城市化，尤其是一些新区的建设，我们发现并开始思索这样一个现象。这是 ECD 最初的由来。ECD指的是生态环境文化核心区域，无论是生态还是文化都是风景

园林的强项。如何在城市核心区域将风景园林强项发挥出来，把良好的生态环境和优秀的文化，以及作为城市发展的发动机——相当于是城市的中央区，进行三位一体的打造。我们认为ECD可以是三种形态：有点状，也有带状、网络。点状的容易理解，以湖区为中心区，周围形成各种服务产业、文化产业。还有一种是带状，绿道、廊道都可以作为城市ECD核心区的潜在力量。如果能够把点带结合起来成网，这是最理想的。环境、文化、经济，这是ECD的核心词。

CBD在若干年前一直作为城市发展区来理解。新时期，类似CBD的区域在城市里面是什么呢？这就是ECD。这个想法最初来自一个案例，浙江省的两个城市合并为一个城市，在两个城市的交界区打造一个区域，形成城市中心地带。这个中心是什么样的呢？我们理解这个地方肯定不能是CBD。因为它的自然环境非常好，它是一个山地、山区。

ECD还有一个很重要的特征，它是动态的，它是逐渐打造出来的。今天中国大部分城市，中央核心区不是理想的ECD，但它肯定是CBD。我们想使CBD从最初的形态，一步一步转到理想的状态ECD。

我们从宝鸡的案例中发展出ECD的思想。在宝鸡500平方公里的规划当中，有个地方正好是未来城市的中心区，中心区又是河口的交汇处，这是千载难逢的一个机遇。我们把它打造成ECD。

第一个案例是山区，第二个案例是河谷，第三个案例是水乡。它们有一个共同的地方，我们非常强调E，绿色，生态环境。就像刚才所说的，在哪里造绿？造绿并不是目的，造绿是为了让城市环境好起来，所以强调生态环境。其次是发掘文化。

　　ECD，最值得思考的地方是如何把风景园林跟城市规划两者结合起来，而且能够发挥风景园林的强项，将环境的打造与文化的发掘完美结合。在新型的城市发展当中，作为城市的发展发动机、核心动力，ECD 应该是一种典型的形态。

　　当然，无论是生态的也好，文化的也好，还有就是空间形象的打造也好，这三者加在一起，实际上是落实在产业上，生态也是有产业的，文化也是产业。形象，它本身是创造形象，它增加城市的吸引力、生命力、承载力。对应的这三块，生态的是承载力，文化是生命力，是后续动力。吸引力就是通过这种手段来打造一个有吸引力的城市形象，城市风貌。ECD 是一个比较理想的尝试。

广州市"农业型战略性生态空间资源"保护初探

袁奇峰

中山大学地理科学与规划学院教授

一、广州城市结构演变

广州在 1978 年的时候，城市还是一个不错的布局。随着城市的发展，城市尺度越来越大，这个尺度使青山绿水的格局发生很大的变化。特别是 2000 年以后，广州城市化发展战略特别快。当时我们做广州战略的时候，明确提出多中心、网络化、组团式。这样一个结构，使我们的城市尺度越来越大。以前我们的城市镶嵌在自然环境里面，现在城市组团之后，无论是南沙板块、大学城板块都是镶嵌在自然环境里面。

现在生态的压力很大，2000 年的时候，我们划定了一个基本战略：三横四纵。我们做了很多政策分区，把珠江与城市主干道做了很多的控制。生态其实能从规划的角度解决，但实际上面临的问题很严峻。我主持第一轮高铁规划的时候，我们认为这是有限的开发地块。

2000年广州战略确定的生态格局不断受到广州用地发展的侵蚀，城市发展的压力对城市生态保护的冲击很大。广州南站就是在2000年广州战略规划的生态隔离带中崛起的。随着这一地区被赋予区域交通枢纽的新地位，现已成为广州市经济新的发展点和广佛经济一体化的重要载体，地区的景观风貌也由生态用地突变为城市发展用地。

我们可以看到，没建设火车南站之前的这个地块，城市是很收缩的，镶嵌在绿蓝里面，它是可控的。

但是新一轮规划图里面，所有地都占满了。看到这样一个局面，你会觉得规划的理想跟现实有很大的出入。地方政府对土地财政的需求，农民留用地发展的需求，在利益面前，生态很有限，它毕竟是一个很高尚的题目，很抽象的题目。

二、广州的城市生态保护

广州的生态保护区，简单分了三种类型：农业型、山林型和河流型。"万亩果树保护区"是农业型保护区的成功案例。果树保护区是花60亿买下来的地，我们用来做什么？做花城、绿城。20世纪90年代之后，交通改善，果树保护区周边的房地产开发及镇村工业用地逐年增多，对果树保护区形成极大的威胁。在城市空间扩张和村镇无序建设的冲击下，果林面积已从 1980 年代的五六万亩下降到 2004 年的 1.6 万亩，呈现出明显的"城进绿退"空间特征。

果树保护区的保护，给我们提供很多有意义的借鉴。保护区存在的难度有两个方面：一个是城市扩大，一个是果树保护区，村民有发展诉求，他们也在主动破坏果树保护区。土地的产出，作农业地区，价格是最低的。把果树砍掉，做仓库，钱也会多一些。农业型生态保护区划定以后，一个是要划定城市与保护区的边界线，一个是要解决农民的发展问题。

三、流溪河"农业型战略性生态空间资源"保护建议

河流性保护区要充分借鉴果树保护区的经验和教训。流溪河流经从化市、白云区，全长 171 公里，是广州市境内唯一一条完整的中小河流，在实现西江供水之前占广州市自来水水源的 75%，是重要的城市水源保护区。西江供水工程启动以后，北航道的供水功能去掉了。白云区境内流溪河段长 55 公里，在国家严格的城市水源区和耕地保护政策下，河流经过的北部三镇的大量农地被划为了基本农田保护区，全区 15 万亩基本农田保护区也主要分布于流溪河沿岸。

随着广州周边东西北地区的开发，特别是产业的转移，周边河流的环保情况趋向复杂。在这种情况下，本地可流的水源非常重要。流溪河流域基本农田由于承担着水源保护及白云机场与主城区生态隔离的作用，是农业型生态空间资源中的重中之中。水源保护地带，恰恰是农业型，这些都是非常重要的。

在农业保护里面，一是赶快启动保护界限的刚性划定。城

市发展，水源保护区的划定线，如果我们现在的供水不足的话，可以随时启动流溪河的水源供应。二是要把村庄的发展问题解决好，在保护区内的农村，要把边界线划定清楚。我们要保护这个地区，这个边界的划定，使这个地区的农民不会因为保护区而受到经济损失。我们可以采用城市的资源，保证农民可以达到平均的发展水平，而不是像整个白云区的贫困农民都在流溪河沿岸。如果保护区的农民经济困难，他们怎么会维护保护区呢？

2011年，白云区各行业中，工资水平最高的是金融业，年薪达到140146元，其次是社会事务性的服务业；农、林、牧、渔业的工资水平最低，仅为29622元（图一）。从事农业的工资收益较低使得农民不珍惜农地，主动寻求农地专用所带来的地租，从而破坏了基于农业生产的生态保护。同时，由于处于都市边缘区的区位，还收到了城市蔓延导致的生态侵蚀。

我们还可以利用三旧改造的很多政策，在农民的土地里面

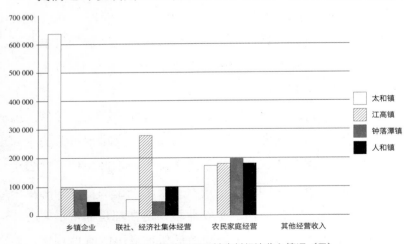

图一　2011年广州市白云区四镇农村经济收入情况（元）

找出一部分经济发展合法化，保证他们在发展的情况下，把这条边界线划定下来。边界线划定下来之后，是不是一定要像果树保护区一样花 60 亿买这个地？不一定，我们可以采用租赁的方法，把它变成中产阶级的生态休闲地区，让农业退后。还有一部分农业区，可以建成农庄，引用社会资本投资。只有解决这些问题，保护区才可以真正地发展起来。理清楚这个关系，一定要有政策投入，财政投入，要有资金、资本的投入。用这些投入保证这些地区，这样才可行。

今天讲了两个有意思的话题，一个话题是流溪河生态保护，作为广州战略性储备水源，我们一定要高度重视要提升到公共认识水平上，大家都要有正确的认识，要反哺这个地区的开发。另外一个是果树保护区案例，要妥善解决农民的发展问题，我们认为这个案例在整个过程中给我们很多启示。我们一年 1000 亿财政，花 60 亿买这块地，代价是昂贵的。我们划定生态保护区，一定要解决好农民的发展问题，更重要的是政府要提高生态发展的意识。

城市生态化发展的国际趋势
与广州的思考

董小麟

广东外语外贸大学原副校长、教授

一、城市的生态化是世界城市发展的趋势

人类对城市与生态的关系早有认识。在古代巴比伦，就已经有城市花园的模式。城市花园是一个建筑体，长宽各 120 米，它的特点是把绿化跟建筑物本体进行有机的组合。

但国际社会真正开始对城市生态问题加以关注，应该是来自工业化的进程。在工业化之前，城市生态问题并不突出，但是工业化对整个生态环境产生了恶性效果。英国作为第一个工业化国家，工业革命以后，城市污染问题非常突出。工业化的污染，带来了曼彻斯特等工业城市居民的健康恶化和工人寿命

大幅度缩短等问题。工业化所带动的城市化是一把双刃剑，它一方面给人民带来更加创新的条件，更多的文明发展，或者说是改善人民的生活，但是另外一方面，它也会带来大量的城市病。

19世纪以来，人们开始主动对城市生态环境进行修复。首先做的一个工作是建城市公园，这是改变城市生态的第一个大动作。20世纪以来，人们对城市生态的关注度超出了建公园的范畴，从更广泛的范围认识城市生态。1971年，联合国教科文组织制订了"人与生物圈"研究计划；经济合作与发展组织2010年在巴黎举行的第三次市长和部长年度圆桌会议上，开始启动绿色城市项目。

城市史专家科特金2005年在为其《全球城市史》中文版写的序言中指出："中国在从事着世界历史上最雄心勃勃的城市建设活动"，"环境问题，从潜在的气候变化到人类健康和演进问题，都可能危及中国城市化的质量和走向。中国将如何面对这些问题将在很大程度上不仅决定未来几十年内国家繁荣的问题，也将在全球范围内决定未来城市的生活"。

确实，未来世界城市生态的进展，在很大程度上要受到中国城市化进程的影响，这尤其是对包括广州这样的特大城市的考验。

1898年英国人霍华德提出"田园城市"模式，在工业化社会引起巨大反响，虽然它在可行性方面因对土地资源不够节约而不能全面推广，但其主张生活与工作场所贴近，对减少城市交通压力有现实启迪意义。

在新的案例当中，比如韩国首尔的改造当中，对穿越首尔这个城市的汉江的两岸进行了高度绿化美化，成为供市民共享的休闲带。

新加坡把城市污水处理得很好，现在污水处理项目得到国际的高度关注，能够做到 100 年内不过时，由此产生一个新的概念，叫 ENW Water，因为新加坡是一个缺淡水的国家。

巴西的库里蒂巴，1971 年上任的市长废除了此前要拆除市内大部分历史建筑和实行"小汽车为主"的城市规划，而实行公共交通与行人化的结合。1972 年开通第一条公共汽车线路，随后发展公共汽车线路总长达 500 公里，并实行转车一票制，实行垃圾回收，以可换取蔬菜的方式奖励人们自动把垃圾收集。在治理排水系统的同时把洪水泛滥地改造成大公园，把报废的公共汽车改造成为流动的城市成人教育场所。让市中心行人化，儿童可以在行人区的人行道上铺纸作画而不必担心汽车。现在这个巴西第五大城市成为全国最有影响、富有活力的绿色城市，同时也在巴西创造了消除在生活方式上的贫富鸿沟的范例。

美国洛杉矶是一个反面案例，已经引起人们普遍反思。洛杉矶的特点是高度分散居住，整个城市没有几栋高楼，靠大量的高速公路来连接，导致环境污染问题突出，人均二氧化碳排放量难以下降。

另外一个反面案例是印度孟买，原来建筑物的平均高度是1.3 层，但是低密度并没有提高城市档次，反而增加了交通流量、交通拥堵，形成更大的空气污染、水污染。

二、广州迈向生态城市的思考

一要注意城市郊区化蔓延的代价。国际研究者近年的主流意见是对分散化平面化发展城市规模的否定，重新回归紧凑型的城市模式，其基本的理由就是从环境成本与经济成本看，紧凑的、集约化的城市模式更为恰当。在美国由于城市郊区化的过分蔓延，美国人均能源消耗难以下降，每建造一栋新的郊区住宅，联邦政府需要多花费 25000 美元用于市政基础设施建设和补贴，这类负担，对中国的城市是难以为继的。

二是卫星城区的建设应该体系化。在周边城镇的卫星城区的开发过程当中，应当以产业为基础，这样可以减少人们在路途当中的奔波，减少交通成本和社会成本，当然也减少二氧化碳的排放。我们有的新城区，产业没有起来，却首先把房价炒高。像南沙，一个新区没有开发之前，没有人气不行；但盖了房子，房价被炒作起来，造成将来的就业者没能力在当地买房子，还是人居与就业分离，于是又造成就业者在上下班的路途上奔波。

三要注重城市建筑的节能，我希望广州能够率先突破，搞出一套国内建筑节能标准。南方以前喜欢单小轻薄的建筑，但如果关掉冷气的话，房间里面很快就变热了。日本人可以做到在下班前提前半个小时关冷气，目前我们是做不到的。国际社会在近 20 年特别重视建筑节能，广州如果能够带个好头，功莫大焉！

四是解决好城市的排水系统，广州投入治水的力度可谓不小，但为什么河涌水质容易反弹？事实上，仅仅在地面治水是治不了的，必须要跟深层排污系统结合起来。欧洲的城市排污系统是地下隧道式的，功能很强。

五是废物循环再利用的途径。中国城市处理垃圾问题，要比西方国家难得多。首先在产生垃圾的过程当中，现在中国的厨余垃圾要比西方多。中国人做饭，本身就会产生很多垃圾。西方人做西餐比较简单，进来的原料，基本上是在超市里面处理过的，可以直接拿来烹调，这个过程不会产生多少垃圾。另外我们搜集垃圾、处理垃圾的标准也不如西方国家。垃圾围城的问题很难解决，我们要加快解决速度，而市民特别是新市民的教育必须抓紧。

六是进一步深化洁净能源的使用。各类输送冷气暖气等管道的泄漏问题是非常严重的，很浪费能源。像大学城是集中供冷气，一到开空调的季节，第一个小时内，出来的不是冷气，要到第二个小时，房间才会产生冷气。这种集中供冷制度的设计就不符合低碳原则。目前在美国加州，要检测所有新建建筑物的供暖（冷）系统，如果管道泄漏严重，就必须重做。我们今后要重视这个问题。当年在建广州大学城的时候没有考虑使用再生的洁净能源问题，今天应该在大学城改造和生物岛建设这样的项目中，加快考虑太阳能这个因素，以创建有影响的绿色社区。

七是城市绿地和山水的资源应最大限度公共化。广州珠江两岸是很好的景观带，现在在市区滨江东一带建了大量紧逼江岸的房子。这就没有搞清楚，到底搞城市绿化是为了谁？事实上，高楼直逼江岸，对住户观看江景没有帮助。如果楼宇沿着珠江往后退 100 米，这完全没有问题，看到的还是江景。

八是优化居民结构是优化城市环境的社会基础。城市环境质量，在很大程度上是由于人的素质决定的。这完全可以解释为什么大凡城乡接合部的环境质量往往较差。解决路径基本是两条：一是教育，特别是加强来自较小城镇和农村的新移民的教育，使之较快地融入现代大都市的人文环境当中。从农民转化为市民，观念问题比户口问题更重要也更困难。目前一些舆论只强调新移民的城市居民权益，而缄口不谈城市居民的义务，这是片面的。二是近年大量人口涌入广州的情况下，城市管理者应该着重吸引和留住创新人才和中等收入群体，因为中等收入阶层是最具有财富创造能力和上进动力的阶层，是社会发展、城市建设的中坚力量。

地下空间开发与城市发展

洪　卫

广东省建筑设计院副总建筑师

一、地下空间的概况

地下空间的定义　地下空间指为满足人类社会生产、生活、交通、环保、能源、安全等需求，在地表下天然形成或人工开发建设并利用的地层空间。

为什么要开发地下空间　为什么要发展地下空间，这是我们所有人要问的。现在，地下空间这个词在国内是一个时髦的词语。以前地下空间就是指地下室。随着城市经济的发展，城市化进程的发展，土地利用成为一个非常大的问题。合理利用土地，向地下要土地资源，这引起大家的重视，因此，许多城市开始发展地下空间。

开发地下空间的前提　按照国外的标准，人均 GDP 进入 500 美元以后，就具备开发地下空间的条件。到 1000 至 2000 美元，就可能形成地下空间开发高潮。目前这几年全国各地涌起了地下空间开发的热潮。

地下空间开发的意义　合理开发地下空间可以缓解城市发展突出的矛盾，可以解决城市空间拥挤，交通堵塞的问题，保护土地资源，拓展城市发展空间，这是它的根本意义。

二、国外地下空间开发

1863 年，英国第一条地铁建成，这是地下空间开发的标志性建筑物。日本也是很早就进行地下空间开发，源于 1930 年，在日本东京上游火车站这个项目上进行地下空间开发的尝试。今天，东京综合地下空间的综合体遍布整个商业街区。东京新宿 CBD 地区的地下空间，我们可以在地下空间里面行走，就好像在地面一样，通过地下空间下沉广场的时候，你不会感觉你是在地下环境里面行走。很多 CBD 上班的员工，中午都是在这里休息。大阪也有大量的地下空间开发。

在美国，洛克菲勒中心前面有一个非常大的下沉广场，每到中午的时候，来自华尔街的员工，包括游人，都在这个周围聚集，非常热闹。法国最典型的是卢浮宫地下空间案例。

欧洲各国都有各种各样地下空间的开发，有些是为了交通，有些是为了解决城市广场跟周边的联系。墨西哥在去年提出这样一个构想，建一个 300 米深的地下建筑，一共要有 65 层，

10 层是住宅，还有商业、博物馆，35 层是办公，地面上覆盖一个大玻璃顶。这个项目能不能实施并不重要，但已经有这样一个伟大的构想，说明人类一直在探索如何向地下要发展空间。

三、国内地下空间的开发现状

国内地下空间的开发，实际上从 20 世纪 50 年代就已经开始。那时候主要是为了解决温饱问题。进入本世纪以后，地下空间的开发热潮是发生在 2000 年以后。国内大量的人防工程被开发成商业街。像广州第一大道这个项目，还有江南西，这是两条非常大的商业街。随着地铁的开发，越来越多的城市提出地下空间的开发目标。北京的奥运公园，当时规划 25 万平方米的地下空间，主要是为了服务奥运。北京金融中心建设的大型地下空间，主要是为了服务 CBD 的交通和静态交通。上海世博轴有三层大型的地下空间。

在南京也规划了河西中心区的地下空间，新世界地产在宁波有一个非常大的地下空间，把九块地全部打造成一个地下空间；贵阳、成都、海口都有地下空间开发的案例。

在广东地区也有非常多的地下空间项目。广州 2005 年由市政府主持开发的花城广场项目目前已经基本建设完成并投入使用。番禺万博广场也规划了大型地下空间，可以联系地铁和周边的交通，把九个地块的交通全部联系在一起。最近广州市政府组织金融城地区的开发，将来也会在金融城的起步区，建设一个以交通功能为主的大型地下空间。

四、城市发展需求下的地下空间

地下空间的开发来自四个方面的需求，第一个方面是空间需求，向地下要空间。第二个需求是城市交通，城市发展的过程中，交通的发展，汽车的发展，造成城市地面道路的拥堵。通过开发地下空间，解决中心地区的交通问题，这是非常有效的办法。第三个需求是市政设施需求。一些中心城市的防洪防灾问题，尤其是老城区、中心城区，当时的市政设施的规划和设计，没有考虑到今天的城市发展，造成很多城市病，面临着市政设施的改造。如果是在现有地面上直接进行改造，工程是非常复杂的。通过地下空间的改造，在改造地下管网的同时，得到地下空间的应用和发展，这样可以得到互利和资金上的平衡。地铁的出现，使我们的出行方式发生了变化。为了使交通得到合理的连接，通过地下空间联系起来，给予市民更多的人文关怀。

五、地下空间发展的趋势

一是综合复杂化：地下空间从单一的解决联系地下轨道交通、开发地下商业街、人防工程，到未来综合解决联系轨道交通站点、结合城市地下道路建设、商业综合利用、静态交通组织、承担城市防洪排涝功能、形成地下全天候步行系统、解决市政设施综合利用和维护、仓储空间、增加城市公共活动空间等，功能越来越复杂，业态越来越综合。

二是分层深层化：地下空间从最初的单层、两层到今天的多层设置，甚至墨西哥提出的几十层地下空间开发构想，分功能分层使得地下空间的各功能之间有良好的空间垂直利用，达到互不干扰的目的，促使深层开发的趋势越加明显。

三是交通主导化，特别是财政投资开发的地下空间，应以解决交通等公共设施为主要目标。

四是资源共享，通过地下空间的管网设计，管廊的设计，特别是静态交通的设计，能够使地下资源得到共享。

最后是人性化。

六、地下空间开发存在的问题

地下空间的开发，目前存在着这样八个问题：

第一个问题是法律法规的制定问题。到目前为止，国内也有个别城市制定一些管理办法，但是在土地出让、城市规划方面，关于地下空间的法律法规的制定，设计规范的编制，基本上都处在初期阶段。

第二个是地下产权的管理，这是一个比较复杂的问题。

第三个是地下空间城市规划管理办法与土地出让。

第四个是开发模式和运营模式，前面提到谁来开发，怎么去运营，怎么去盘活地下空间。

第五个是投资回报跟开发规模和开发时序的问题。很多城市开发大量的地下空间，究竟投资跟回报的关系是怎么处理的，这是一个比较复杂的经济账。

第六个是地下空间的选址问题。

第七是地下空间的防灾问题。

第八是地下空间的绿色建筑、绿色开发。

专题论坛二

城乡一体化
与美丽城市

"美丽中国"的风景园林学途径

杨　锐

清华大学建筑学院景观学系主任、教授

　　我讲的题目是《"美丽中国"的风景园林学途径》，探讨风景园林学在美丽中国和生态文明中可以作出什么样的贡献。中国历史上有三张非常美丽的图片，一张是《富春山居图》，有美丽的山水和环境；一张是《姑苏繁华图》，有美丽的城市；还有一张是《清明上河图》，有完善的基础设施。不管是山水、城市还是基础设施，在中国几千年的历史中都是非常美丽的。

　　今天，中国依然有非常美丽的地区，比如很多的世界遗产地，但是也有不再美丽的地区。显然，在严重雾霾天气里去天坛不会让人感到美丽。还有北京、上海等地出现的越来越严重的城市病，让人感到中国有一部分已经不再美丽了。

中国能否再度美丽呢？实现这种可能，第一，要解决资源约束包括环境污染、生态退化的挑战；第二，要解决日益明显的地域文化趋同现象，比如现在的广州和20世纪80年代相比，地方文化已经不太突显了；其他要解决的问题包括社会各群体不安全感上升，公众参与意识不断加强，经济减速带来的就业压力和物质快速发展与精神委靡形成鲜明对比。

国外有学者提出，在一个有序的社会中，各种阶层、有尊严的、合作的公民都能穿行在美丽的风景之中，这是一个国家应该提供给公民的权利。从这个角度上说，我国提出建设"美丽中国"是非常好的政策导向，而建设美丽国度在世界范围内也已经是广泛的实践。从1992年开始，已经有20个国家形成这方面的国家级战略。

清华大学建筑学院吴良镛教授是中国人居环境科学的创始人，也是2012年国家最高科技奖的获得者，他提出人居环境科学有建筑学、城乡规划学、风景园林学三门学科。风景园林学是把自然与人、科学与艺术、逻辑思维与形象思维联系起来的桥梁，它可以在协调人与自然的关系中发挥巨大作用，因此可以在建设生态文明和美丽中国方面作出巨大贡献。

目前，《欧洲风景公约》是世界上第一部以风景保护为对象的国际公约。2011年，欧洲曾经希望联合中国和其他国家，在联合国通过《世界风景公约》，后来由于个别国家的反对，最终没有形成，但是这个努力还一直在进行中。

新西兰从2003年开始实施可持续发展战略，主要包括三个方面：一是以环境社会可持续为经济转型前提，二是强调生活质量，强调人和土地之间的连接，三是希望新西兰变成老年人和年轻人都特别喜欢的家园。1991 年，新西兰制定了资源管理法和几个空间战略。其经验包括设置不同时期的土地管理目标，将全国设置 20 个区域进行分类保护与管理，划定保护地区，制定指标体系，改进地域景观和开发影响方面的评估技术，推动技术层面的落实等。

美国在 20 世纪 30 年代发生了很严重的经济危机，当时全美失业率达到了 25%，20 多万平方公里的土地因为落后的农耕方式退化。罗斯福总统启动了专门的项目，雇用了 850 万成年人进行了"公民资源保护运动"，占总失业人口的 47%，其中包括了教师、艺术家、风景园林师、工程师、建筑师等，这既拉动了美国的经济发展，解决了就业，也促进美国环境质量的提升，效果非常好，不管在专业领域还是在政治、经济领域都得到了高度评价。

广州现在也修了绿道，绿道最早的历史可以追踪到美国。风景园林不仅是美容，更能成为养生的专业，确实能让土地、城市、乡村从本质上得到改善。欧美现在的城市化提倡景观都市化，以前传统城市化是以建筑物为单元，而现在以包括建筑物在内的自然系统和文化系统为单元进行城市化。中国几千年历史上，"山－水－城"特点明显，这本身就是一个很好的实践模式，山水和城市是结合在一起的，但在近代这个传统被遗落了。

目前，中国的很多土地受到重金属的污染，很多城市是垃圾围城。因此，建设美丽中国在空间战略上要有美丽山水的战略、美丽乡村的战略、美丽城市的战略。在产业上，风景园林可以给每个产业增加附加值，比如可以有美丽的农业、工业、旅游业和交通运输业,欧洲就有很多酿酒厂形成了美丽的工业,让游客欣赏和休闲。

　　光有战略不行,一定要落实在行动上,一是立法方面的行动,二是机构设置方面的行动,其他行动计划还包括技术方面的行动、社会支持的行动、规划设计的行动、评估与管理的行动、资金和能力建设的行动等。

城乡关系的演变
与城乡一体化内涵的变化

马向明

广东省城乡规划设计研究院总规划师

党的十八大以来，中国社会对城市化的关注空前提高，城乡关系的话题重新回到了公共议题。"城乡一体"，这个曾经于90年代在珠三角流行过，随后销声匿迹的政策选择，又再次出现在了公众视野。于是人们很自然会问：这两次"城乡一体"的提法，在内涵上有什么不同？

我今天从城乡关系的演变谈谈城乡一体化内涵的变化。首先来分析城乡关系，也就是城市与乡村之间关系变化问题。城市化是一个大概念，从不同角度出发看法不同。经济学家看到二、三产业的发展，社会学家看到社会方式、人口的转变。目前，珠三角城市化已经达到60%－70%，但忽略了这种变化中的组织方式问题。如果说城市化的过程是人口逐步向城市转移的过程的话,那么,随着中国城市化率过半,人们逐步明白,伴随着那抽象的人口比例数据变化的,不但是土地使用方式和经济生产方式的转变,还有土地使用权和经济组织方式的转移,以及随之伴生的城乡关系的转变。回顾珠三角的发展历程,可以发现这个区域的城乡关系是一直变化的。如果进行归纳的话,可以用蜜月、竞争、限制—反哺等主题词来描述不同的阶段。顺着城乡关系变化的轨迹,将有助于我们进一步理解上一次"城乡一体"的内涵以及它在新环境下的新内涵。

城市化有两种方式,一是以城市为主题的城市化,一是以乡镇为主题的乡村城市化,珠三角地区处于这两者中的融合时期。十八大之后社会很关注城乡一体化,其实在20世纪90年代珠三角地区已经关注过城市化问题。

20世纪80年代是乡镇企业发展最兴旺的阶段,那时有一种观点主张通过自下而上的发展推动农村城市化的进程,当时很多文献研究了乡村城镇化的问题,舆论界、理论界都很支持农村工业化的进程。为什么会有这种局面?在80年代的改革开放初期,中国百业待兴,珠三角地区乡村地区富余劳动力多,土地便宜。村集体先是用集体土地兴办乡镇企业,随后发展出用集体土地兴建厂房吸引外资进行"三来一补"。外来投资企业的到来,使村民可以获得就业机会,村集体可以获得土地出租的收入。当时的城市,基础设施欠账多,存在各种条块关系复杂的局面,城市忙于自身问题的处理。而农村乡镇企业还有外资企业的发展,则可为地方政府带来税收或创汇上的好处,于是一个三赢的局面出现了。在这个格局下,地方政府提供区域基础设施，村集体提供土地，村民提供零售商业服务，一个各方受益的"增长联盟"就这样形成了。在 20 世纪 80 年代至 90 年代初的这个阶段，城与乡的关系可以说是处在"蜜月"期。当时农村工业化带来了三赢的局面，形成了乡村城市化的模式。

我国宪法规定土地归集体所有，但是集体并不是税收分配的主体，农村在办乡镇企业的过程中发现企业有很多的风险，所以最后乡村工业化模式的最主要形式就是土地出租，村集体通过出租土地或者是商铺获得租金，然后让村民分红。在 20 世纪八九十年代，政策比较宽松，土地利用方式的改变在 90 年代是高峰期，东莞最为明显，目前东莞的土地利用结构中，已非农化使用的土地中 80% 是村用地、6% 是城市用地、13% 是镇用地。这组数据可以看出村集体在非农化中的作用。这样一个"增长联盟"效率极高地推动着珠三角乡村工业化的进展。在乡村，村集体用乡镇企业或者厂房出租等集体经济的收入来办小学，铺设道路和环卫设施，公共服务随着集体经济的发展第一次进入到珠三角的乡村，村民的收入也随着农村非农就业的出现而改善。这种正效应引起了政府在政策上的重视，东莞市提出行政村要发展成为小城镇，以产业发展为重点开展管理区的规划编制。珠三角出现了"乡村型城市化"的模式——以村为实施主体的农村城市化方式。1992 年，顺德市提出了"城乡一体化"的发展目标。

进入 20 世纪的 90 年代，带动珠三角经济发展的主导力量不再是本土的乡镇企业，而是来自外部的动力——国际性的产业转移。这种动力的转变引起了珠三角另一种城市化模式的兴起。

20 世纪 80 年代起，城市便开始通过办开发区吸引企业在开发区发展，推动城市的增长。到 90 年代后逐步演变出外一种高效的方式：开发区和新城建设互动开发。通过征地、基础设施供给、招商，拍卖土地循环推进：征地后用土地抵押融资推进基础设施建设，然后低价招商，聚集税源的同时聚集人气和再进行土地出让，由此滚动向前推动城市发展。由于基础设施建设具有一次性投资大的特点，因此中国城市用土地拍卖的方式来凑集基础设施建设资金，比国外城市的通过税收来凑集资金的方式更高效，形成了中国城市利用土地融资配套建设来吸引外来产业的迁入以推动城市发展的巨大优势。

然而，由于集体土地的不完全产权以及村对土地的眷恋，乡村城市化的模式在这个过程中无法利用资本的翅膀。有学者进行了比较研究，把江苏昆山跟广东南海进行比较，同样是工业用地的产值，南海是一平方公里 9 亿的产出，而昆山是 36 亿的产出，在产业的升级上，从 1996 年到 2002 年，昆山劳动密集型产业比重下降，技术密集型产业比重上升，而南海是维持不变的。为什么会有这么大的差异？学者认为与两地城市化的方式有关：南海是以村为主体进行城市化，而昆山是以土地国有的方式推进城市化。以村为单元的城市化劣势在于，一方面集体土地无法资本化造成配套能力差；另一方面，村集体统筹只能在村，配套能力以及村民对分红的要求、村集体本身的素质等导致产业运营升级的能力都丧失掉了。

在 90 年代后，城市"产业园区"的设立及城市扩张所引起的对土地资源的需要，把城市与乡村的关系逐步由"蜜月"型关系引向"竞争"关系。"乡村型城市化"和"城市型城市化"

开始了对土地开发权的竞争。1997 年，深圳在龙岗区展开试点村规划，首次对村进行了类别划分，把村分成了城外村、城边村和城中村，规划的重要工作就是对村的土地开发的量和空间范围根据市里的政策进行划定。

因此，我们看到，在国家税制改革和土地制度、住房制度等改革的推动下，90 年后期开始，土地出让的收益逐步成为了城市基础设施建设资金的主要来源。"土地融资"的高效性，使得中国城市基础设施等公共物品的建设效率遥遥领先。这种比较优势在全球化背景下推动着世界制造业向中国的迅速聚集，从而推动着中国城市的快速发展。

进入 21 世纪，中国城市经济的发展取得了巨大成功，城市在产业发展、环境保护和土地利用效率方面与"乡村型城市化"相比，都具有显著的优势。而"乡村型城市化"由于产业低端、效益低，其原来具有的公共服务自我配套功能也逐渐丧失，而其固有的环境污染问题和土地利用效率低的问题却日益凸显。在土地资源日益紧张的背景下，地方政府的政策开始走向限制乡村工业化的发展，农村非农产业的发展限制在征地和留用地的范围。城市逐步全面接手乡村的基础设施和公共设施供给。城乡关系走向"限制－反哺"阶段。

在城市经济不断繁荣发展，"城市型城市化"模式取得压倒性优势的背景下，农村的衰败却逐步成了问题。在外围村庄，劳动人口大量流向城市，即使是政府提供公共服务设施，农村"失血"的状况也无法改变。而在城市周边和城中的村庄，虽然城市经济的活跃带来了机会，但限于自身的素质，村民捕捉机会的能力有限，被城市经济抛出的村民逐步成为社会问题。

城市与乡村的互动关系被重新认识，探讨乡村发展的新方式，使乡村与城市在相互的发展中互利互惠，从而建立起新的"互惠"型城乡关系，是这一轮"城乡一体化"要解决的问题。

很显然，现在谈促进乡村发展不能走过去通过乡村走工业化的方式。目前说的城乡一体化，不是仅仅把工业和公共服务放到村里就行了。新型的"互惠"城乡关系，应基于以下三点认识：（1）城市与乡村有强互动关系。乡村出现问题，终究会成为城市的问题；城市衰败，乡村也不可幸免。（2）城市已成为经济的主体，城市应当也有能力反哺乡村。（3）在日益"失血"的乡村，仅提供公共服务和改善基础设施是不够的，必须激发出乡村的活力。美国、英国的乡村发展政策包括三个方面的内容，一是经济，二是社会，三是物质空间。因此新时期的城乡一体化，应该有三方面的内涵：一致性、互补性、差异性。

公共服务的均等化要求在城乡要实现基本公共服务的一致性，这是无容置疑的。但仅仅做到这点是不够的，要激发出乡村的活力，还需要寻找乡村产业发展的机会，当然，这一轮的乡村产业发展，必须避免过去乡村工业化所带来的问题。今天，珠三角城市经济发展所形成的强大消费力是过去所没有的发展背景，同时，城市经济的强大实力也不是过去乡镇工业所能挑战的，因此，乡村产业的发展应寻找与城市经济的互补性。农业是乡村的经济基础，也是农民最在行的产业，提高农业的生产效率可以让农户有稳定的基本收入。同时，积极探求观光休闲业等第三产业的发展可以充实村的集体经济，为农村社会的稳定和发展提供基础。这就要求乡村的环境风貌和设施配置要与城市有差异，告别过去一提新村建设就是"城市化"的建设方式，通过差异化来形成对城市居民的吸引力，应该是越现代化就越有乡村的风味；而越有乡村的风味，就越有机会吸纳市场力量走向现代化。

比较过去 30 年的发展历程，乡村型城市化走过了自身的道路，目前存在的问题很多，新型城市化应以新的方式来组织进行，在这个过程中怎样使农村和城市互惠？这是值得不断探讨的议题。

城乡一体发展
与"美丽城市"空间形态
——城市化转型期"三个地带"的协调

陈鸿宇

广东省政府参事
中共广东省委党校教授

我今天的主题讲城市化转型期"三个地带"的协调。

一、关于"传统城市化"与"新型城市化"

(一)传统城市化的内涵和特征

相对于进入成熟期的工业化而言,由传统和经典的工业化推动城市化的模式,通常被称为"传统的城市化"。其城市蔓延和人口规模的扩张,通常是城市工业导向的吸纳人口迁移模式和小城镇工业化发展模式。1978 年以来珠江三角洲和长江三角洲的城市化,基本是沿着这两种模式展开的。

　　城乡分离和对立是传统的城市化的基本特征。传统城市化认为，只有住在城区才能享有现代城市的生活方式，因而被称为人口的城市化或数量的城市化。世界银行《2009世界发展报告——重塑世界经济地理》指出："在智利，85%的人口居住在城市地区，城市居民的消费比例约为全国总消费的92%。在巴西，80%的人口居住在城市地区，城市居民的消费比例约为全国总消费的85%。"（清华大学出版社2009年版，第65页），因此，传统的城市化理论认为，随着经济的进一步发展和经济活动进一步集中到高密度区，城乡不平等将会逐渐消弭。

（二）新型城市化的内涵、特征和目标

　　第一，新型城市化是指工业化成熟期和后工业社会的现代城市生活方式的普遍化，即不论住在城区还是乡村，不论从事何种职业，每一个社会成员都能够享有过上现代城市生活方式的基本权利。

　　第二，新型城市化的核心价值是以人为本、追求人的自由全面发展的城市化，是质量型的城市化，是追求创新驱动的，经济、政治、文化、社会和生态建设协调发展的城市化。

　　第三，新型城市化的城乡之间应该呈现出交融和一体发展的关系，即在较大的空间地域里，大中小城市和小城镇、村落间，工业、农业和服务业间，城区和山水田园间，形成有序的、交错的和密集的配置，以最有效地提高有限国土的承载能力。一国或一个较大地域100%的城镇化率既是不可能的，也是不经济的。新型城市化的吸聚和扩散、带动功能，不再以城区的工业为主的人口和产业集聚程度来衡量，而是着眼于整个大都市

区的多样化从业人口和三大产业的集聚程度,着眼于城乡之间、区域内外的合作程度。

第四,基于新型城市化的城乡融合、一体发展的实现路径:一是"乡"的升级,即通过"护短"、"补短"、"扶短",在工业化、城镇化深入发展中同步推进现代农业农村的建设;二是"城"的转型,即通过旧城再造,将数量型、人口型的城市化转为质量型、结构型的城市化。

二、城市化转型期的"三个地带说"

(一)"灰色地带":同时具有城市和农村两种社区的特征

1989 年,加拿大著名学者麦吉通过对印度尼西亚等亚洲许多国家城市化进程的实证研究,从城乡两大社会地理系统的相互作用和相互影响的视角,指出亚洲国家城乡之间的关系日益密切,城乡之间的传统差别和地域界限日渐模糊,城乡之间在地域组织结构上出现了一种以农业活动和非农业活动并存、趋向城乡融合的新的地域组织结构,麦吉称之为 Desakota。Desakota 同时具有城市和农村两种社区的特征:"人口密度很高,居民的经济活动多样化,既经营小规模的耕作农业,也发展非农产业,且非农产业增长很快";"城乡联系十分密切,大量的居民到大城市上班以及从事季节性帮工,妇女在非农产业中占有很高的就业保障";"基础设施条件很好,交通方便"。

麦吉提出的这种空间形态,不同于传统的以城市为基础的高度集中的城市化道路,"它是以区域为基础的、相对分散的城市化道路,它不注重农村资源与生产要素向大城市的集中,而把重点放在城市要素对邻近农村地区所起的导向作用，是一种新型的城乡联系模式。"当区域处于工业化成长期向成熟期过渡的时期，城市的周边乡村地带首先承接城市的产业和人口的扩散，从而拉开了区域进入"郊区城市化"的序幕。麦吉的Desakota模式描述的城市化道路，很值得珠三角、长三角地区的"城中村"、"城乡结合部"等"灰色地带"借鉴，也值得龙湖区等粤东西北的工业化先行区借鉴。

（二）"绿色地带"和"棕色地带"

所谓"绿色地带"，是指生态环境良好的"非城区"地带。在欧美国家的"郊区城市化"大潮中，常常见到旧城区的居民为了躲避城市病，纷纷搬到郊区的新住宅区，造成了新城区自发、盲目的急剧蔓延，侵蚀了大量农业和农村用地，"绿色地带"迅速减少。居民和产业的"逃离"又导致旧城的教育、医疗等公共服务水平下降，治安状况劣化，大量的房屋空置废弃，这些被遗弃的旧城区被称为"锈带"。

随着城市化进程的深化，当旧城的商业和文化价值被重新认识，原来的废弃地块和闲置房屋就又会被成片整理加以利用，这类地块被称为"棕色地带"。"旧城再造"中重视"棕色地带"的使用，可以大幅度降低成本，也可以减少对"绿色地带"的占用。目前，伦敦80%以上新增的住宅已经建在棕色地带上。英国学者认为，这些场所中相当一部分被称为"意外带来的地方"，因为它们不属于正式规划体系。

因此，在城区的扩张中，"灰色地带"需要保持原有的特殊和优势，通过"产园城"一体的规划和开发，使工业化和城镇化交融发展，农村、农业和农民能够在保持其原有活力的基础上主动融入新型城市化进程，才能保护和修复"绿色地带"。

三、"三个地带"的协调发展
是建设"美丽广州"的必由路径

（一）积极保护"绿色地带"

第一，按照工业化、信息化、城镇化和农业现代化同步的要求，广州推进新型城市化应努力适应农村地带土地产权长期多元化的现实，积极推进农村综合改革，让农民成为新型城市化的重要主体，平等融入新型城市化进程。

第二，将农业作为新型城市化的就业底线和生态底线，将农村地带作为广州城市化的重点部位，以政策"护短"、"扶短"、"补短"，绝不以牺牲"三农"来建新城新区。

第三，将"美丽乡村"的建设作为广州走新型城市化道路、建设"美丽广州"的核心内容，紧紧围绕让农村人口享受现代生活方式这一目标，着力推进城乡间基本公共服务均等化。

（二）努力活化"棕色地带"

广州老城区（越秀、荔湾、海珠等区）原来的工业和商业都有一定的基础，一方面必须解决老城区过于窄小，生活质量不高的问题；另一方面又必须通过建设新城区来拓展生产、生活空间。因此，要兼顾旧城再造和新城建设的关系，既要有序地引导已经过于拥挤密集的旧城人口有序向新城迁移，也要努力活化"棕色地带"，为旧城区的市民保留和提供更好的公共

服务，让他们愿意在旧城住下去，使新城和旧城都具有同样的宜居宜业环境，都具有自我发展的活力。那种"喜新厌旧"、甚至"建新弃旧"，导致旧城区严重衰败的做法，都是必须纠正的。

广州老城区的要素集中度非常高，每平方公里土地上集中了大量人力、物力、财力、商贸、信息资源，要素集中度高这个特征是老城区的活力所在，也是老城区有可能成为"锈带"的困局所在。根据经济学的边际收益递减的原理，很难更密集地在这么窄小的土地上继续加大投入，以求得更高的经济回报。这就迫使老城区必须认真谋求在既有的土地上走一条内涵式的、通过结构优化使旧城活化之路。

表面看来，发展空间不足是老城区发展的瓶颈，其实要地皮和要政策，都不是解决问题的关键。摆脱目前发展困局的关键，是要有推进结构创新的勇气，"退二进三"、"退城还绿"。借用"六脉皆通海，青山半入城"的诗句，老城区可以通过打通"六脉"来再造"棕色地带"的活力。

一是打通"商脉"，就是推动老城区的商业业态创新。中心城区寸土寸金的城市面积，其优势更多在于吸聚大量购物、休闲、旅游人口的商贸零售业，目前的商业零售业态必须创新升级，延伸价值链；老城区内也要"腾笼换鸟"，推动批发市场逐步与会展、创意产业结合；还要努力发展都会型的旅游、文化、教育、医疗服务产业，构建商脉、文脉、人脉、史脉一体的产业结构。

二是打通"政脉"，就是立足历史上和今天省、市级政府都在老城区的现实，努力成为体制改革和政府服务的"首善之区"。在探索政府与市场的关系、培育行业协会、商会等社会组织、推动居民自治等方面率先探索，通过打通"政脉"使得"商脉"更通畅。

三是打通"人脉"，就是立足中心城区已经集聚了丰富的商业资源和医疗、教育、文化资源的优势，以多种方式来推销优质的商业服务和其他公共服务，构筑枢纽型的服务平台。吸聚更多的人群到中心城区购物消费，包括购买文化、教育、医疗服务。同时，要全方位扩大广州主城区的服务半径，让全市、全省各地都成为老城区优质服务产品的"人脉"资源。

四是打通"水脉"，就是以治水为中心，推进旧城生态环境的再造。强调打通"水脉"，不仅仅是盯着几条河涌和几个社区，而应该建设一个更理想的区域生态空间，这样才能吸引更多的市民生活、创业在旧城，以聚拢商脉、文脉、人脉。

五是打通"文脉"和"史脉"，就是要充分利用老城区极为丰富的历史文化资源，将历史沉淀下来的"文脉"、"史脉"资源与其他四脉融合相通，形成具有广州历史文化特点的文化产业和现代旅游业。这也是活化旧城、开发"棕色地带"的新课题。

（三）重点经营"灰色地带"

作为广州城乡结合部的"灰色地带"，目前自身已有相当的发展活力，但相对于主城区而言，交通、供水供电等基础设施和教育、文化、医疗卫生等基本公共服务相对薄弱，很多方面还带有由乡村向城市过渡的痕迹,城市管理水平还有待提高。

对于"灰色地带"，首要任务是要把基本设施建设好，按照现代城市的标准进行规划，推进基础设施建设，使住在城乡结合部的市民、异地务工人员和周边农村人口都能感受到城市生活方式的好处。

主城区的扩容提质应该有两种基本路径：一种是原来的主城区以"外延"的方式，通过建造新区来"扩容"。广州的"一二三"布局就反映了这一思路。另一种是从现有的城乡二元结构的实际出发，通过迅速改善主城区周边的交通条件，构筑涵盖周边镇、村的半小时、一小时生活圈。在不改变镇区和农村社区布局和城镇形态的前提下，让周边城镇和农村居民不离开镇、村，不改变身份，不重新就业，也能共享主城区的各项公共服务，共享现代城市的生活方式，这是"内涵式"的扩容提质。

对于"灰色地带"的新型城市化之路，"内涵式"的扩容提质可能成本更低，更易于推进，也更有利于在发展都市型农业的基础上，保护"绿色地带"。前提是要重新界定城镇化，按照"市民化率"来重新核算"城镇化率"。不能说你住在城区才叫城镇化，要按照"市民化率"重新核算城镇化率，这样的城镇化水平才是真的、善的、美的。

保护农村生态环境
建设清洁美丽家园

程学晋

广州市花都区副区长

党的十八大报告提出全面落实经济建设、政治建设、文化建设、社会建设、生态文明建设五位一体总体布局，把生态文明建设摆在了突出地位。市委、市政府提出走新型城市化发展道路，强调要建设人与自然和谐相处的花城、绿城、水城，打造独具岭南特色、生态宜居的美丽乡村。作为广州市三个副中心之一，花都区拥有良好的自然生态，全区林业用地有383.3平方公里，水域面积达104.7平方公里，有芙蓉嶂水库等17座水库、王子山森林公园等6大森林公园，是广州北部的生态屏障。然而，随着城市化、工业化进程加快，全区生态环境保护面临严峻挑战，特别是占全区总面积86%的农村地区的垃圾收集处理、工农业生产和居民生活污染、自然山体植被破坏等问题突出。为切实保护好得天独厚的生态环境，打造幸福宜居的城市副中心，按照市委市、政府建设美丽乡村的战略部署，结合我区的实际，2012 年 5 月，我区在全市率先启动了农村综合提升五年行动计划，明确提出要坚持生态优先战略，实施农村生态环境提升工程。目前，这项工作正在有序推进，全区生态保护的规划基本确立，环境污染和生态破坏得到了遏制，农村生态环境基础逐步夯实，我区梯面镇荣获"国家级生态镇"称号。具体讲，在推进农村生态环境保护和综合治理方面，我区统筹推进了以下几项工作：

一是统筹做好规划引导和控制。在全区层面，划定基本生态控制线 653 平方公里，并实施严格的生态分区管理，对 139 平方公里禁建区进行严格保护，原则上禁止建设开发；对 514 平方公里限建区注重生态修复和优化发展。同时，将生态控制线与主导产业功能区相衔接，综合利用环境评审、项目评估等手段，引导各区域按生态功能定位有序发展。对局部生态敏感地区，如水源地保护区、森林保护区等，冻结现有建设用地规模，制定严格保护的规划方案，并经地方人大表决通过，对该区域予以严格保护。对具体村庄，突出规划落地，对全区 188 个村的规划进行分类梳理、更新修编，确保功能分区合理布局，并按比例保障村庄生态用地。

二是突出抓好村居环境综合整治。积极整治农村"十乱"。针对农村乱搭建、乱堆放、乱招贴等突出问题，我区于去年开展了全面整治工作，农村面貌有较大改观。在此基础上，集中力量专项整治农村"两违"建设，启动全区 46 条主干道两侧整治提升工作，并将这两项工作和村居环境卫生治理纳入镇街干部考核体系，建立完善长效管理机制。大力开展农村绿化美化工作。以"村在林中、林在村内"为目标，实施村庄"一园、一带、一林网"和"见缝插绿"的绿化工程，2012年共建成246项绿化工程，全区种植树苗115万多株，新增绿地面积84万平方米，改造提升绿地面积99万平方米。今年计划开展158个绿化项目，重点打造一批村级示范性生态公园。稳步提升农村基础设施水平。区财政五年内投入3.26亿元，以村庄基础设施"七化工程"和公共服务设施"五个一"工程为重点，努力为村民营造良好的生产生活环境。

三是全面推进垃圾分类处理和资源化利用。垃圾分类方面，广泛组织发动镇村干部和志愿者，深入宣传"能卖拿去卖、有害单独放、干湿要分开"，引导村民逐步养成垃圾分类的生活习惯，同时，为全区所有自然村配置分类垃圾桶，共计16万多个。收运处理方面，区财政加大对农村日常保洁和垃圾清运投入，规范化日常保洁覆盖全区行政村，先后建成129个高标准收集点、178座生活垃圾中转站，进一步完善"组保洁、村收集、镇转运、区处理"的农村生活垃圾收运处置体系。资源化利用方面，针对农村餐厨垃圾，积极探索试行村民喂养家禽家畜、挖坑沤肥、生化降解生产有机肥料等资源化利用方式，实现农村厨余垃圾不出村。目前，我区已建成31个沤肥点，配置10台小型餐厨垃圾生物降解机。探索利用新技术推动垃圾深度资源化处理，争取今年启动500吨生活垃圾深度分类资源化利用试点项目建设。

四是持续强化污染防控和治理。全面推进农村污水处理。

2008 年以来，市、区两级共投入 2 个亿，完成了我区 77 个行政村的污水处理设施建设，共铺设管道 35.6 万米，建成人工湿地 65 个，厌氧池 56 个，日处理生活污水能力达 17388 吨，逐步实现部分农村生产生活污水全部处理及达标排放。我们计划用两三年时间分批完成所有村庄的污水治理工作，今年的任务是完成 23 个村的污水治理。积极推进重点流域污染防治，对花都湖、天马河、田美河、铁山河、雅瑶河等重点监控流域，每月开展水质监测，大力整顿周边企业非法超标排污，有步骤地实施新街河综合整治等八项河涌治理工程，力求全区水环境得到明显改善。坚决依法清理污染企业。农村环境污染大头是企业排污，农村污染防控关键是企业。近年来，我区结合产业转型升级，先后关闭漂染、电镀、造纸等重污染企业 63 家，关停复绿泥石场、烧砖厂 244 家。在此基础上，2012 年又制定了清理污染企业四年行动计划，当年共清退淘汰 38 家、关停 61 家污染企业，从根本上扭转了环境污染蔓延的态势。

五是积极发展农业生态产业。把我区农业产业基础较好、生态环境优越、农民收入较低的北部地区规划为农业生态功能区，重点抓好梯面生态小镇、赤坭农业生态产业园、炭步水乡古韵农业生态园区、九龙湖生态度假区和福源水库原生态休憩区规划建设等生态产业园建设，促进都市型农业和生态旅游业融合发展，实现生态保护、产业发展和农民增收同步推进。目前，梯面生态旅游小镇建设取得一定成效，红山村成功创建 3A 级旅游景区，赤坭农业生态产业园的规划基本确定，正在推进相关的基础设施建设。

六是着力打造生态景观工程。充分利用我区山、水、林、田、花、港景观资源，以绿化带和水系为纽带，合理布局"森林、花卉、绿道、湿地、河涌"五大元素，重点推进花都湖公园、花都花园、儿童公园、王子山森林公园、道路景观提升工程、生态景观林带、碳汇林工程等九大建设项目，着力打造展示岭南文化特色的花城、绿城、水城。

生态文明建设关系群众的福祉，关乎子孙的未来。我区农村生态保护和综合治理工作，虽然取得了一定成效，但是与城市生态文明的要求还有很大差距。下一步，我们将遵循生态文明建设的内在规律，按照市委、市政府的工作部署，继续大力推进农村生态环境建设工作。

长戈文韵，慢岛芳洲
——长洲绿色慢岛建设战略研究

易 江

南华工商学院院长、教授

长戈是代表长洲军事历史的特征，云韵是指长洲有文化积淀，而慢岛是由慢生活的概念引申而来。慢生活是指对有意义、有意思生活的向往，"有意义"包括了三大生产即物质的生产、精神的生产、人自身的生产，而"有意思"，包括了人生活的品位、格调和情趣。慢生活需要在品位、格调和情趣中体现。

长洲岛位于广州的东部，隶属广州市黄埔区，是珠江上的一个江心岛，因形状狭长，故名长洲岛。长洲岛陆地面积8.5平方公里，水道面积3平方公里。气候属南亚热带季风气候，年平均气温22.5℃。户籍人口约20315人，外来人口17997人。长洲岛具有得天独厚的自然、人文和历史资源。

一、长洲"绿色慢岛"建设必要性

长洲"绿色慢岛"建设主要是响应广州的城市发展战略的特色要求。2010年制订的《广州2020：城市总体发展战略》：规划贯彻生态优先的原则，提出"打造富有岭南文化特色、鲜明时代特点和国际化特色的文化名城"。规划强调挖掘和整合历史文化内涵，建设现代城市特色景观风貌区域；城市特色方面，强调保护珠江水生态环境、塑造两岸景观。城市空间发展战略是：南拓、北优、东进、西联，形成"云山珠水"格局。

长洲岛是"珠江黄金岸线"的重要组成部分，已确立了"国家级生态文化旅游区"及"广州打造世界文化名城的一张名片"的最新定位。引进"慢岛"理念，正是对这种定位的全新诠释，是把长洲岛打造成国家级生态文化旅游区的建设思路之一。

二、长洲"绿色慢岛"的规划设计

长洲"绿色慢岛"的定位：慢食、慢休闲、慢学习、慢运动、慢设计、慢消费等，这既符合长洲岛的现实需求，也符合现代人对大都市的需求。

长洲"绿色慢岛"开发的指导思想：以原生态的发展理念为主导，打造一个"适合发呆"的"旅游慢岛"。

长洲"绿色慢岛"服务对象的三个面向：（1）面向岛上原住民：提高岛上原住民的整体收入水平；（2）面向大学城的学生：长洲是大学城的后花园，服务20万大学生；（3）面向岛外游客：规划应着眼在制造"留下来"的理由和"还要来"的理由。

长洲"绿色慢岛"的建设目标：从旅游区到度假区

（1）引领都市慢生活的示范区：从白天到夜间，从游览到住宿，从单一观光到复合度假，从游憩到休憩，慢的理念充分地融合在产品策划与设计中；（2）忙里偷"闲"的最好去处：首先考虑的就是本地市场，以本地休闲游客为主体。广州、深圳一小时经济圈应该是重点研究和挖掘的区域。

长洲"绿色慢岛"蓝图：一村两环四区

1. 一村

深井民俗村。挖掘整合深井码头周边地区岭南疍家风情，修饰现有的民居、新建部分特色建筑，整理形成岭南特色（含疍家）饮食服务、咸水歌、水上体验、生活体验项目等等。

2. 两环

（1）沿江景观带：

利用长洲岛上四面环水有利地形，可以打造：

A. 大型的活水沙滩游泳池

　　水上活动中心

　　湖心水幕电影院

B. 规划内的游艇泊位

　　注重公众泊位与私人泊位的配置共存

　　让大众体验游艇文化

　　并吸引客商私人游艇靠泊

C. 湿地公园：除保留必要的候鸟栖息区外，应尽量设置水路通道，让小型观光艇滑行在林荫水道上。

（2）环岛自行车道：

用绿道链接长洲旅游文化要素，交通上倚重自行车、电瓶车、游轮游艇、未来的地铁，减少私家车，杜绝摩托车。

3. 四区

（1）休闲农业区：

整合若干大型果园资源，赋予经营牌照与标识，变成特供游客观光、采摘、品尝的乐园，如杨桃园、荔枝园、香蕉林、黄皮园、甘蔗园、霸王花基地等；帮助农户打造品牌，如"深井霸王花"成功申请广州地标证明商标就是一个典范。

（2）休闲中山公园：

政府已规划扩大中山公园，将辛亥纪念馆周围地块、体育公园等融入中山公园。可适时申报市级森林公园，并加入概念元素：长洲桃花岛概念、音乐林概念、百年荔枝林等。

（3）世界廊桥集锦区：

根据长洲岛原有的水系河涌并结合湿地公园的设计，可在游客需要歇脚、观看演出节目和吃点心或正餐的旅游节点安置相应特色的廊桥。廊桥下的流水又可构建另外一个"威尼斯式"的水上旅游线路，龙舟替代"贡多拉"，培训原住民作为撑船的渔夫，沿途或高歌一曲，或羊城讲古。"廊桥＋威尼斯式的痴情痴景"，构建年轻人的梦幻廊桥、中年人的廊桥小憩。

（4）文化休闲区：

长洲岛深井古村自古特别重视教育，村内有"进士巷"。古村自南宋至今，出进士十数人，举人不胜枚举。藉此可打造成科考（高考）访拜圣地，吸引参加中考、高考的学生及其家长前来参观。

四、长洲"绿色慢岛"开发的时序安排

长洲"绿色慢岛"开发的时序阶段安排本着"由小到大，由点到面"的阶段性发展方式，对长洲开发，从小节庆到大会展，再到休闲度假综合体的构建。

第一阶段：对项目区发展做战略性、控制性规划，把握项目开发的外溢效应。绿化改造与提升，先完成主要游线、景观分区、入口区规划、服务设施及节点设计、开展亲水游乐、户外拓展、极限运动、休闲采摘等项目，实现预热及人气。

第二阶段：完成对项目核心地星级酒店、度假接待设施、休闲项目配套等开发，举办休闲博览会，并引入一批有质量的商业及休闲服务项目入驻、会议设施可分割，控制规模，酒店可按"主体＋院落式组团＋公寓"的方式配置。

第三阶段：依托核心项目地块的开发与成熟，形成对区域泛旅游休闲产业的进一步整合，通过更加私属化服务模式的提升，真正成为具有影响力和品牌扩张力的项目。

专题论坛三

生态观念
与公众参与

生活的品质：
给市民和游客的经验之谈

杰弗里·沃尔 (Geoffrey Wall)

加拿大滑铁卢大学地理和环境管理系教授

在过去 18 年里，我曾在中国参与了多项旅游规划，并和当地政府、学者、游客、居民以及旅行社都进行过交谈，了解他们对当地旅游的一些体验以及他们的旅游规划。发展旅游业并不是一定要给旅行者提供非常良好的体验，而是希望旅游者来到这里能玩得开心。不管是一个国家，还是小城镇或者农村，对于任何一个地方而言，实际上发展旅游业真实的目的是要提高当地居民的生活水平，改善当地居民的生活环境，为他们创造更多的就业机会。

各个地方不是为了发展旅游而发展旅游，而是希望通过旅游业的发展，帮助解决一些其他的问题，比如说让当地的居民摆脱贫困，保护当地的自然环境以及改善就业等等。在制定旅游规划过程中，既要考虑发展旅游业后，本地居民的个人利益得失，更应该在规划中真正关注居民的需求。这就要求各级政府在为旅游规划设定具体目标的时候要非常谨慎认真，一开始就应该设立一个具体的目标。假如某一地方将旅游业的发展目标制定为到 2020 年要吸引 2000 万的游客，要达到这一目标其实非常简单，只要让游客在当地免费吃喝免费旅游即可，但这并不能作为当地发展旅游业的真正目的。我们真正的目的是改善当地居民的生活环境，如果这是一个真正的目的，我们就要认真审慎地进行旅游规划。

改革开放以来，中国的旅游业蓬勃发展，国内的旅游人数急剧上升，国际旅游业从无到有，发展迅猛。目前，中国已经成为世界上吸引国际游客最多的国家之一，这是中国改革开放以来伟大的发展成就之一。同时还要看到，正是在这一点上，中国还存在一些不容忽视的问题。

中国有一句古话叫"筑巢引凤"，大意是"如果你建立了一个鸟巢，鸟自然就会来"。我不是很认同这句话，因为我看到在中国的很多地方，基本的旅游设施有了，酒店也建起来了，但是游客并没有来。因此，即使筑了巢，如果小鸟觉得这不是宜居的地方，也不会来。换言之，我们必须要找到能吸引游客的地方。而要提供这样的一种体验，规划是非常重要的一点，因为全社会都面临着急剧的变化，而不仅仅是旅游业的变化。比如，酒店要提供更多更舒适的房间，还有要求不断提高的水电设施，这都是要提前准备的。

自 2008 奥运年以后，加上金融危机等其他方面的原因，到中国的国际游客数量下降了，2013 年的数字仍在下降。根据目前掌握的最新数据，2013 年到日本的国际游客数量下降了 50%，在多种可能的因素中，有政治上的一些原因、国际油价的上涨影响、游客对旅游环境的担忧，等等。胡锦涛强调，旅游业的发展必须是科学的，而且是和谐的。习近平认为，发展旅游业必须保护环境，而且要提供更多公平的机会。如何看待他们的观点？旅游业并不是一门科学，胡锦涛突出强调的是，必须要根据旅游产业的逻辑或者遵从某些原则去发展旅游业，而且旅游业的规划必须基于科学的、可信的数据。

和谐的意思是指可持续发展，也就是说必须在经济、环境和文化之间达到一个平衡，这离不开长远的目光，要通过带有前瞻性的规划逐步达到社会的平等和空间上的平等。实际上，中国当前社会的贫富差距可能在不断扩大，所以尤其要反思，在旅游规划过程中，是不是满足了这样一些原则。

旅游规划过程包括两个方面，其中一个过程是如何去规划；另一个过程是规划的产品，也就是结果。

从规划的程序来看，现在中国旅游规划的过程是自上而下的，迫切需要纳入更多利益相关方，比如说当地居民、旅行社或者游客的参与。目前，也有一些旅游规划过程，邀请专家参与。但是，所邀请的这些专家，真的了解旅游业吗？有一些专家可能只是历史学家或者人类学家，或者他们只是带着研究生参与到旅游业的研究中去而已。这样的旅游专家所作出的旅游规划，往往就是到一个村庄或者开几个礼拜的车到处寻找可能吸引游客的地方，在信息量上显然存在不足。而且他们并不了解这个地方吸引游客的关键点在哪里，游客为什么要来，为什

么他们喜欢或者不喜欢一些东西，当地的居民对发展旅游业有
什么担忧，等等。因此，在真正高质量的旅游规划过程中，旅
游管理部门扮演的角色是非常微小的，土地规划部门或者其他
相关部门扮演的角色可能更为重要。很多地方由于忽视这一点，
旅游部门所制定的规划，有的时候无法真正实施。

在规划的产品上，大部分人关注的只是景点，可能有时候
稍微关注一下交通的问题，而文化、环境等方面的影响都不会
在考虑的范围内。大部分人谈到旅游规划，就是怎样开发一个
新的景点，怎样带来更多的游客，但是对于其他的问题，尤其
是与当地居民有关的问题都被忽视掉了。所以不少地方在旅游
规划过程中，没有考虑到旅游业如何和其他产业进行衔接，也
没有考虑到旅游业所带来的文化、社会及环境的影响。

在通常见到的厚厚一沓的旅游规划文件中，包括了很多无
用的信息，比如说当地的人口有多少，经度、纬度、降雨量多
少，但没有涉及旅游业真正的问题。所以，规划文件的关键不
是写多长，而是要关注到真正与旅游业相关的问题。对旅游规
划中的一些具体项目和措施建议，重要的不是谁来提意见，而
是谁来负责具体实施。同时，旅游规划文件必须公开，不公开
的规划既让人难以把握，也很难说得到了公众认可。在当前的
技术条件下，如果认为公开的信息量太大导致成本很高，把它
放到网上就行了。

总的来说，如果以狭隘的眼光看待中国旅游业的发展，比
如说游客的人数和游客支出，中国旅游业的发展的确取得了令
人耳目一新的进步。但是如果以更广博的目光看待这个问题，
考虑到旅游业的发展所带来的环境、社会和文化影响，旅游业

的发展可能就没有那么乐观，比如说居民生活水平是不是真的得到了提高。

在中国如果要进行旅游业的规划，必须先从认真思考旅游业发展的具体目标开始。比如说，为规划旅游邀请的顾问写一些比较具体的参考，让他们了解旅游业发展真正需要关注的问题。与此同时，旅游规划的文件必须要有更广泛的内容，而不仅仅聚焦于景点的开发，还要考虑到交通和环境影响及其他。旅游规划必须建立在真正的研究基础上，而不仅仅是走马观花看一下景点。旅游规划必须包含或者纳入更多利益相关方，要让当地居民发出声音，要选择有代表性的居民代表；要让旅游规划文件更公开透明，人人都可以看到，等等。

珠江三角洲大气PM$_{2.5}$先行达标的机遇与挑战

张远航　　钟流举

北京大学环境科学与工程学院教授

广东省环境监测中心教授高工

本报告主要希望与各位专家、领导和代表共同探讨珠江三角洲大气 PM$_{2.5}$ 先行达标的机遇与挑战问题。

一、机遇：污染态势与区域实践

珠三角早在 20 世纪 90 年代中期就开展了 PM$_{2.5}$ 相关观测和科研工作，特别是在 2004 年 10 月针对珠三角区域大气 PM$_{2.5}$ 和复合污染问题，开展了大规模立体综合观测实验。从观测数据来看，珠三角东部和中部大气 PM$_{2.5}$ 污染严重，中部和西南部地区则臭氧污染突出，观测结果与卫星遥感资料反演和模型模拟的结果一致，揭示了珠三角 PM$_{2.5}$ 和臭氧区域性污染的特征。高浓度 PM$_{2.5}$ 导致大气能见度下降，2004 年综合观测期间珠三角经历了一次持续近一个月的高 PM$_{2.5}$ 污染和灰霾过程，城市大气能见度平均约 8.5 公里，日平均值最低至 5.8 公里。在污染负荷高（源排放和大气浓度）和极端不利气象条件下，还可能出现大气重污染过程，例如 2003 年 11 月 2 日珠三角主要城市都笼罩着厚厚的霾层，能见度水平非常低。类似的情况也发生在我国其他地区，北京及我国东部地区在 2013 年 1 月极端不利气象条件下就出现了高 PM$_{2.5}$ 和低能见度的重污染事件。这些重污染事件，使大家对大气环境问题的认识发生了根本性的变化，传统以城市为单元的空气质量属地管理策略，不能有效的解决区域大气复合污染问题，很难从根本上改善城市和区域空气质量。

　　针对区域污染问题，珠三角在 2006 年建设了粤港区域空气质量监测网络，迄今已业务化运行七年，监测结果每天向社会发布，成为粤港政府环境决策的依据。从区域监测网的数据可以看到，珠三角全年都可能出现 PM$_{2.5}$ 和臭氧浓度超标现象，尤其在秋冬季节 PM$_{2.5}$ 污染非常严重。区域监测网中有六个子站是按空气质量新标准的要求设置的，有两个站点年超标达到 100 多天，揭示了珠三角城市二氧化氮和区域 PM$_{2.5}$ 及臭氧的污染状况，污染态势十分严峻。

　　珠三角早在 2000 年开展了针对区域大气污染的系列研究工作，先后完成了粤港珠三角空气质素研究、珠三角大气污染防治规划、国家 973 课题和 863 重大项目等系列科研项目，深化了对珠三角大气复合污染特征、来源、成因和控制战略的认识。在科研工作的持续支持下，广东省在全国率先开展了区域大气复合污染的防治工作，从粤港政府发布改善珠三角空气质量的联合声明到建立粤港区域空气质量监测网，从省政府制定珠三角大气污染防治规划到实施珠三角清洁空气行动计划，珠三角区域大气污染防治工作的成效日益凸显。近年来，珠三角二氧化硫、二氧化氮、PM_{10} 甚至 $PM_{2.5}$ 的年平均浓度都呈现逐步下降的趋势（图一），区域空气质量持续改善。与此同时，珠三角臭氧污染的问题却变得越来越突出，根据 2012 － 2013 年为期一年的监测资料看，珠三角九市一区空气质量达标率在 50％－ 80％ 的范围，首要污染物是臭氧，其次才是 $PM_{2.5}$，这说明控制臭氧污染对进一步改善珠三角空气质量的极端重要性。

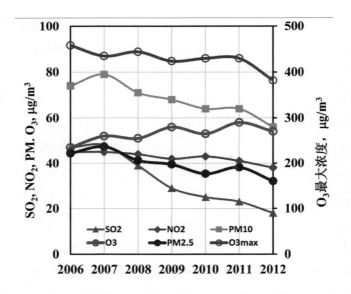

图一　珠三角主要污染物 2006 － 2012 年的变化趋势

在过去几年中，珠三角对区域大气污染的监控和决策支持能力也有了很大的提高，特别是建立了珠三角区域空气质量立体监测预警系统，实现了对区域污染的实时监控和预警。通过成立珠三角大气污染防治联席会议和广东省区域大气质量科学中心，初步构建了科学中心、联席会议、各市政府之间科学与决策的协调机制。在这样一个沟通平台的基础上，正在探索和形成各市"协商管理"、各部门"整合管理"、公众"公共管理"三位一体的区域空气质量管理新模式，各城市之间良性互动，公众积极参与，从整体上推进了区域大气污染防治，奠定了珠三角空气质量持续改善的基础。

二、挑战：战略选择与先行先试

尽管珠三角空气质量改善取得了初步成效，但仍面临非常严峻的挑战。首先是即将颁布的"大气污染防治行动计划"（简称"大气国十条"），将对空气质量改善提出更加严格的要求，《珠江三角洲地区改革发展规划纲要 (2008 － 2020 年)》明确提出珠三角环境质量要达到或者接近世界先进水平。怎么界定纲要中提出的世界先进水平呢？从全国空气质量管理的要求来看，PM$_{2.5}$ 需要达到国家标准 35 μg/m^3（WHO 第一过渡阶段目标值）。在珠三角高湿度条件下，如果要保持能见度高于 10 公里，则需要把 PM$_{2.5}$ 控制在 30 － 80 μg/m^3 以下（随大气相对湿度而变化）。因此，对珠三角而言，PM$_{2.5}$ 年均值是否需要达到 WHO 第二过渡阶段目标值 25 μg/m^3？

目前，珠三角各个市 PM$_{2.5}$ 浓度水平介于达标和超标 51.4%

之间，区域均值超标 24.3%，"大气国十条"要求珠三角 $PM_{2.5}$
浓度年均值在 2017 年比 2012 年降低 15%，届时珠三角 $PM_{2.5}$
浓度已非常接近国家标准，多数城市将实现达标。从全国态势
上看，2013 年上半年珠三角 $PM_{2.5}$ 平均浓度为 44 μg/m³，在几
个重点城市群中处于相对较低水平，且珠三角空气质量达标率
近 80%。因此，如果区域污染防治战略正确，治理方法得力
和有效，珠三角就很有可能实现在全国重点城市群中 $PM_{2.5}$ 率
先达标的突破。

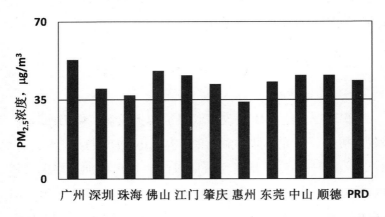

图二　2012 － 2013 年珠三角各市及区域 $PM_{2.5}$ 年平均浓度的比较

　　未来五至十年是珠三角空气污染控制最为艰难的相持阶
段与转型过渡期，需要采取量化和精细化的管理措施。实现
$PM_{2.5}$ 先行达标的挑战主要有以下几个方面：

　　第一，空气质量管理的指导思想。其中，十分重要的是明
确环境对社会经济发展的约束和引导作用究竟在哪里体现？按
照联防联控规划，珠三角主要污染物到 2015 年必须减排 20%

左右的存量，但在此期间将新增约 40% 的污染排放，珠三角实际的减排量将高达 60%。如果污染减排和空气质量改善主要依赖于末端治理和技术减排，则污染排放量消减的空间将十分有限，任务十分艰巨，这直接引发了 PM$_{2.5}$ 达标是在 2015 年、2017 年或 2020 年的讨论。现在让大家比较乐观的是即将颁布和实施的"大气国十条"，"大气国十条"体现了生态文明的内涵，把生态文明建设融入到了政治、经济、文化和环境保护各个方面，迈出了以环境目标约束经济社会发展的第一步。"大气国十条"首先确定了 PM$_{2.5}$ 的改善目标，在这个目标的约束下，要求对能源结构和产业结构及空间布局进行优化调整，淘汰落后产能，同时加大对多污染物综合治理的力度，并明确了政府和企业、公众的责任，着力于探索形成全社会共识、共治、共赢之路。

第二，**区域大气污染的防治战略**。PM$_{2.5}$ 是大气复合污染的核心污染物，硫酸盐、硝酸盐和铵盐等二次无机气溶胶 SNA 和二次有机气溶胶 SOA 对 PM$_{2.5}$ 质量浓度的贡献高达 50% － 70%，一次碳质颗粒物的贡献近 20%，矿物颗粒和其他成分也有一定贡献。因此，对一次颗粒物排放的减排可以改善空气质量，但更加重要的是加强对 O$_3$ 和 SNA 及 SOA 等二次污染的控制，这些二次污染物在大气中的生成过程非常复杂并且是非线性的，应该采取以二次污染控制为核心的多污染物非线性协同控制策略，这是降低珠三角大气 PM$_{2.5}$ 浓度水平的关键，也是取得事半功倍效果的关键。

第三，**区域大气污染的控制重点**。过去几年中，珠三角已经初步建立了二氧化硫、氮氧化物、PM$_{10}$、PM$_{2.5}$、挥发性有机物的源清单，确定了机动车、电厂、溶剂涂料、生物质燃烧及工业排放是导致珠三角大气复合污染的重点污染源。通过采用先进技术，珠三角对二氧化硫、氮氧化物和 PM_{10} 的减排作出了很大努力，但要在新形势下实现区域特别排放限值的要求，这就需要进行污染源的深度治理，控制技术升级面临极大的挑战。更加重要的是，珠三角大气二次污染对挥发性有机物非常敏感，需要特别注重对挥发性有机物排放的控制。珠三角大气二次污染日趋凸显的现状和广州亚运会空气质量保障的实践已经表明，对挥发性有机物复杂来源的控制成效在很大程度上将直接影响珠三角改善空气质量的进程。在此基础上，并需要对区域污染源清单进行精细化的管理和动态更新，以全面掌控珠三角大气污染源的控制方向和重点。

第四，大气污染防治的区域合作。研究结果表明，珠三角存在显著的污染输送，各城市互为源和受体，不仅如此，跨区域污染输送对珠三角空气质量也有很大影响。区域内的合作和区域间的合作都是非常重要的：降低区域内排放强度以控制珠三角的重污染过程，开展跨区域联合减排以降低珠三角污染物的背景浓度水平。因此，要实现整体上改善珠三角空气质量的目标，亟须探索共识共治共赢之路。共识是区域合作的基础，共治是一个大气下"共同但有区别责任"的行动；共赢是区域联防联控的目标，各个城市通过"共识"与"共治"都将从区域合作中得到共同发展。特别是，只有在"自上而下"与"自下而上"共识有机结合的基础上，才能建立高效的区域污染防治新模式。

　　总的来说，珠三角空气质量改善处于相持阶段，机遇与挑战并存。珠三角区域污染防治具有雄厚的基础条件和丰富的实践经验，"大气国十条"将加速珠三角空气质量改善的进程。通过全面和高效实施"大气国十条"并加强对臭氧等二次污染的控制，珠三角将有很大的机会成为全国重点城市群大气PM$_{2.5}$先行达标的示范区。

空气质量与城市可持续发展

贺克斌

清华大学环境学院院长、教授

　　今天我主要围绕空气质量与城市可持续发展的问题做一些阐述。空气质量在目前中国城市发展中，已经成为影响可持续发展的一个重要因素。

一、基本背景

　　中国城市化进程非常快，尤其是在东部地区，已经产生了大量的的核心城市，形成了城市群。如果选取 1960 年至 2007年这个时间跨度，中国的城市化进程和工业化之间的关系呈现倒 U 字型结构。目前，中国处于城市化和工业化率的正向关系阶段。我们的城市现阶段很多污染现象，有很强的工业化过程中的基本特征。特别是最近十几年来我们的能源消耗飞速增加，经济上的成绩令人骄傲，同时在能源资源上也取得突出的成绩，全世界的水泥生产基本上是中国在驱动，2009 年以来我们成为世界上生产和销售机动车最多的国家，超过了美国。这样的资源消耗带来的问题，就是我们现在占世界 44% 的粗钢产量、60% 的水泥产量、20% 的发电量和 48% 的煤炭消耗量。集中在中国东部的城市化过程中，就排放了大量的污染物，跟空气质量相关的污染物数量绝大部分在上升。中国东部已经成为全世界主要污染物排放强度最高最集中的一个地区，这样会给我们未来的发展带来很大的影响。

二、主要问题

第一，中国的能见度在下降。能见度下降使整个东部地区都笼罩在灰蒙蒙的背景之下，很难说建设美丽城市和实现可持续发展。媒体上报道的中国主要城市的灰霾天数也越来越多，一年有上百天出现灰霾，少数城市像成都、南京，一年超过 200 天出现雾霾。这成为我们建设生态文明、美丽城市和推进可持续的城市化进程的主要矛盾之一，必须引起广泛的重视。

根据卫星监测的结果，从全世界范围看，中国东部、印度北部、非洲北部是全世界 $PM_{2.5}$ 浓度值最高的区域。如果以绝对浓度值比较，中国的大城市 $PM_{2.5}$ 浓度是世界上主要特大城市的三至五倍，无论是卫星还是地面信息，得出的结果都大体一致。

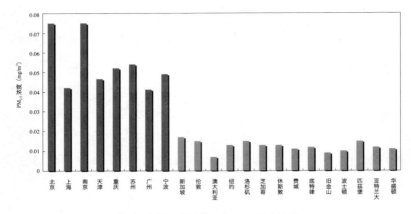

图一 各国不同城市年度 $PM_{2.5}$ 浓度比较

第二，治理难度较大。中国大城市里的 $PM_{2.5}$ 和 PM_{10} 比值与全世界其他大城市相比是偏高的，而且在 PM_{10} 里有更多比较难治理偏细腻性的 $PM_{2.5}$ 的颗粒，这是我们面临的一个难题。

第三，整个中国东部地区的污染较为严重。从卫星监测看，整个中国东部的大面积范围里，珠三角地区仅仅是更大范围污染的一个缩影，更大的范围还包括传统意义上的长三角。伴随山东、河南这两个省的城市化发展，整个东部地区已连成一片，形成比较强的区域性分布。从污染源排放情况和 $PM_{2.5}$ 的浓度情况看，与 2013 年 1 月份雾霾形成区域的范围也大体一致。区域之间的污染具有了很强的呼应性，也就是说中国有一大片区域，可能会以北京、上海、成都为三个点，形成一个大三角的雾霾区。如果不加以治理，我们推动建设的城市群很可能会变成雾霾越来越严重的污染城市群，这应当引起高度重视。

还有一点增加了我们治理的难度，就是 $PM_{2.5}$ 的浓度中由其他污染物转化过来的化学成分比例越来越高，北京过去十几年的污染演变情况就是一个例子。在污染严重的情况下，可以按比例成分也就是浓度进一步细分，在低浓度空气质量比较好的时候，高浓度空气质量比较差的时候，污染的浓度比例比较高。出现重污染现象往往是其他污染物转化过来的成分影响更大。比如，2013 年 1 月份，从元旦节开始，空气质量很好；8 月以来，连续两次重污染，特别是在 13 日左右开始，出现连续十来天整个华北地区都是重污染的现象。黄色的有机成分、蓝色的硝酸盐和红色的硫酸盐构成了几乎 90% 的污染成分。从全国来看，东部地区的草绿色的二次成分明显高于西部地区，东部地区的快速城市化进程使这个现象进一步恶化。

三、发展对策

面对这个严峻的问题，需要采取什么对策呢？

就整个人类历史来说，这不只是中国遇到的问题，英国伦敦也出现过很严重的烟雾事件。在英国当时快速城市化过程中，出现白天必须开车灯、警察执法必须打电筒的情形，甚至露天音乐会也没法开，因为看不见谁在唱歌、舞台在何处。牛津大学一个印象派教授的画曾展示 20 世纪二三十年代伦敦的严重烟雾情况，当时没有技术方面的数据，但从莫奈印象派的绘画中可以看出，污染情况相当严重。伦敦烟雾事件使人类认识到烟煤造成硫的污染。

目前，公众对我国东部频发的雾霾现象的讨论越来越多。从整个国家过去几十年的发展看，我们经常讲在环保方面取得了巨大的成绩，这是不可抹杀的。如果以亿元 GDP 的单位强度看，相对污染物是下降的，但由于我们总量发展太快，绝对量的排放一直在上升，造成现在比较尴尬的局面。下一步，加大力度转变增长方式，使这相对量、绝对量出现双下降，才有希望扫除雾霾、恢复蓝天。

还有一个现象在推进城市化进程中要特别注意。从1997年、2003年、2010年数据看，在过去十几年中，人口比例200万以下的中等城市，氮氧化物浓度增加趋势比600万以上的大城市更加迅猛。因此，特大城市也应当注意到中等城市城市群发展带来的影响。

从公众参与角度说，过去两年，这种参与对推进空气治理问题起了很大的作用，互联网上有人提出"我为祖国测空气"，这对提高监测系统技术水平和推动数据公开起了很大的助推作用。尤其是一些民间组织的参与，比如自然之友把我们省会城市做排序。2013年，环保部每个月也对省会城市和一些地级市进行排序。

在解决问题方面，公众参与力度也在加大。比如，召开广州亚运会时可以通过科学手段预计开幕式、闭幕式期间的空气质量，当时连续四次达不到亚运会要求的空气质量，政府就启动了多项措施包括发动公众参与、减少交通流量、号召大家少开车等办法，使空气质量有了明显改善，避免出现超标的情况。

比较北京奥运会前和奥运会后（2008年7－9月），防治污染措施没有到位的时候以及相关措施完全实施以后，可以很明显地看到空气质量的变化。北京奥运会开幕式当天，很多人主动不开车。在深圳举办大运会时也出现了这种现象，很多市民作为志愿者，自动放弃当天开车。这些是很成功的公众参与。

　　最后，未来的公众参与可以最简单地归纳为两个字"节约"。目前，大量的出行、生活和消费包括用电方面，出现大量的浪费现象，这同时也意味着排出更多的污染物。公众节约能释放出巨大的减排潜力，应该积极倡导这一层面的公众参与。

　　从国外看，雾霾现象十分严重的洛杉矶，经过几十年的奋斗，重新回到蓝天白云的美好状态。美国城市匹斯堡，1940年有点像煤矿城市，20世纪90年代时早上9点像晚上一样，现在的早上9点已经是蓝天白云了。显然，经过努力，可以有质量更好的空气。英国伦敦也如此，20世纪40年代时伦敦空气质量很差，雾霾现象很严重，到2000年时，虽然低空还有雾霾，高空出现蓝天白云已经较为平常，在2012年伦敦奥运会时，仍存在一些空气质量问题。

　　在北京奥运会的时候，曾经通过短暂的采取各种临时措施的努力，见到了蓝天，包括广州亚运会期间也做到了这一点。现在面临的问题是，如何让蓝天成为一个常态，这是要共同努力解决的。

广州市低碳交通提案

杨中艺

中山大学环境与生态研究院院长
生命科学学院教授

目前，广州市道路资源的年增长率小于 2%，中心城区只有 1.1%，可以按 2% 增长来预计。在 2004 年到 2011 年期间汽车保有量年增长率是 15%，考虑到目前限购因素，可以保守地按年增长 5% 预计。如果按这两个数字计算，十年后汽车保有量的增量将远大于道路资源的增量，有可能会"走投无路"。

2010 年广州的停车场与汽车数量的比例是 1：2.1，到 2012 年是 1：3.3，这样就存在大量没有泊位的车，十年后这种情况肯定会更加严重。在交通拥堵造成空气污染方面，我作了这样的计算，春节前三天的空气污染物平均浓度和春节期间三天空气污染物平均浓度相比减 1 再乘以 100，就是交通拥堵时间和交通不拥堵时间的空气质量比较，根据在广州市工业污染源比较少的吉祥路、麓湖、体育东三个点得出的数据，交通拥堵时期氮氧化物浓度比非交通拥堵时期高 1.3 － 1.9 倍、二氧化硫浓度高 1 － 1.4 倍，PM_{10} 浓度高 1.8 － 2.3 倍。显然，广州市道路资源与汽车保有量的矛盾已经非常突出，带来的问题也比较严重。

再来计算使用自行车、公交系统和驾车出行占用的道路资源的比例。按广州市开始限购汽车时段的中小型客车保有量 171 万辆计算，如果有 30% 的人改为使用自行车出行，占用道路面积将从 2565 万平方米减少为 1898 万平方米，可腾出的道路资源是 667 万平米，这个面积大约是天河区所有道路总面积的一半。

广州市驾车人群的出行模式是怎样的呢？单人驾车在路面上行驶的比例占总的私家车比例达到了 50% － 60%，越秀区上午高峰时段接近 65%，这样的出行模式占用了大量的道路资源。我们对广州市民发放过一千份问卷就市民出行模式进行调查，回收率在 80% 以上，低收入人群自行车出行比例是中高收入人群的三四倍，无车族使用自行车出行的比例是有车族的三倍。这就涉及道路资源分配的公平性问题，应该照顾不同市民群体的需求，除了公交系统外，低收入人群约 18% 依靠自行车出行，因此人们对自行车通行系统的刚性需求也是必须考虑的。广州市的自行车道非常狭窄，不安全，这明显限制了人们选择自行车出行的愿望。在对于"禁电"政策合理性的认识上，有车族和无车族的认识是有差异的，调查显示无车族认为不合理的接近 46%，有车族 30% 左右认为不合理。

关于取消"禁电"政策，分别有52%的有车族和49%的无车族认为在完善慢行交通系统并且加强管理的情况下，是可以取消"禁电"的，不支持的人只有26%。

在使用电动自行车的意愿方面，有44%的公众愿意使用电动自行车，值得注意的是，有32%的有车族表示在完善慢行交通系统并且加强管理的情况下愿意使用电动自行车。这一调查结果为取消"禁电"可能导致约1/3的有车族可能改用电动自行车出行，从而减缓交通拥堵提供了依据。67%的公众认为广州市有必要优先完善慢行交通系统，认为没有必要的只有13%。

本人主张广州市鼓励使用轻便型电动自行车，它的特点是：（1）自重低于20千克（低于国家标准规定的40千克）；（2）时速不超过20公里；（3）使用锂电池，一次充电后的续行里程不小于25公里；（4）外型与普通人力自行车相似；（5）前后制动均采用液压式碟刹，具备良好的刹车效果；（6）尾架采用标准化设计，为储物箱或安全的幼儿座椅，不可搭载成年人；（7）时速超过10公里时强制发出警示音。以上各项可以作为广州市电动自行车的鼓励标准，用于控制轻便型电动自行车的生产、销售和使用，对于不符合这一标准的电动自行车，可以采用加大年审频率等措施加以限制（超国家标准的应该禁止使用），这样将有利于培育具有广州特色的轻便型电动自行车制造业。对于使用电动自行车的好处，多数公众都认可是环保、节能、节省费用和方便。对于它的坏处的认识主要是在安全方面的担忧，符合上述标准的轻便型电动自行车可以解决安全性方面的所有问题。在电动自行车的环保性能方面，测算显示，行驶相同的距离，使用电动自行车的碳排放是使用乘用车的4%，换言之，乘用车碳排放量是电动自行车的25倍，相应的，使用乘用车的费用也应该是使用电动自行车的25倍，而且电动自行车在路面是不排放任何烟气的，锂电池的回收已经有很好的技术，不易造成环境污染。可见，使用电动自行车出行对环境的不良影响要远远低于乘用车。

因此，应尽快实施广州市中心城区慢行交通系统的专项规划和建设。应该奉行慢行车道优先的道路资源分配思路，为了保证慢行车道结构和功能的完整性，应归还一部分被机动车占用的道路资源用于建设安全、便捷、舒适、连续的慢行道路网络。为了避免自行车与机动车混行，应尽可能在机动车道和慢车道之间采取物理隔离措施。制定适合广州市的电动自行车技术标准并加强其使用管理。在《电动自行车通用技术条件》（GB17761-1999）的基础上，根据轻便型电动自行车的技术特点加以提升，尤其在自重、时速、电池、制动系统等方面要有严格的限制，形成广州市轻便型电动自行车市场准入标准。例如，可以对电动自行车进行分级，符合国家标准同时符合上述轻便型电动自行车技术要求的为一级标准，仅仅符合国家标准的为二级标准，在管理上可采取有差别的措施，以鼓励公众使用安全性能更为优越的产品。应出台规范电动自行车行驶行为的专项制度或条例，采用登记上牌、定期年审、违章处罚等措施加强电动自行车的安全管理。

我们可以憧憬这样一种情景：未来广州市的道路资源分配中自行车道占有更大的比例，同时鼓励人们使用自行车和轻便型电动自行车，这必然导致机动车道占用资源的减少以及使用乘用车出行更加不方便，导致一部分有车族改用自行车或电动自行车出行，从而腾出部分道路资源用于发展公交系统。需要解决的核心问题是：政府应该站在公共资源分配合理性和生态文明建设紧迫性的高度来认识和处理城市交通系统的公平、生态、低碳问题。

珠三角园林城市群与
绿色网络的生命力

唐孝祥

华南理工大学建筑学院教授

　　随着我国城市化水平的提高和城市化建设步伐的加快，城市问题越来越成为社会经济发展的中心和焦点。关于城市问题的研究，正展现出城市群建设研究的新方向。在我国已经出现越来越多的城市群社会经济格局。长三角城市群、珠三角城市群，京津唐城市群、还有中三角城市群（如长沙、株洲、湘潭一体的长株潭城市群）、长江中游城市群、成渝城市群等。这说明城市群的研究和建设，是目前城市化建设中所讨论的一个重要话题。

　　促使城市群可持续发展，解决生存环境恶化、城市特色危机和传统文化继承与发展等问题，已成为城市问题研究和建设的关注热点。城市问题产生的原因和解决方案需要立足于整个城市群来全盘考虑，对城市群的研究和建设更需要积极发挥和综合利用各学科的优势和先进理念。

2007 年，广东省编制了《珠江三角洲地区改革发展规划纲要（2008 － 2020 年）》。在这个《纲要》的基础上，广东省"规划纲要办"2013 年提出了"珠三角园林城市群可持续发展研究"等的一系列招标课题。在珠三角园林城市化规划建设上，推动形成布局合理、配置科学、环境优美、安全宜人的区域绿地系统。

作为我国改革发展的示范区，珠三角地区要立足园林城市群的现实条件，突破传统规划的局限，将自然演进和城市发展整合为一个可持续的人工自然系统，即珠三角大风景园林区。要将城市水土保持与风景园林专业的优势进行开创性的融合，以一种学科交叉、科学理性的方式去回应城市环境改善的复杂要求。同时，吸取中西方城市化过程中的经验教训，结合珠三角地区的自然、经济、政治和人文环境特点，分析珠三角园林城市群的文化地域性格。

在这个课题研究中，有几个需要研究、厘定和阐明的重要概念。如大风景园林区、园林城市群、文化地域性格，此外还要探析园林城市群的逻辑层次与构成要素等关键科学技术问题。就珠三角园林城市群而言，其结构层次在宏观上表现为，东线的深圳、东莞、惠州（简称为深莞惠），中线的广佛肇，西线的珠海、中山、江门。我们也可以称之为珠三角城市群的东线片区城市、中线片区城市、西线片区城市。片区城市的下一个相对较小的层次就是城市片区。片区城市和城市片区共同构建起一个珠三角城市群的结构。珠三角城市群结构里的逻辑关系，从绿色网络的相连来讲，可以通过城市绿道相连、生态工程相接、园林建筑和园林小区成片的方法来实现。

提升城市群的综合竞争力，城市环境一定要突显出地域特色。为了避免城市化过程中城市特色趋同化，我们提出"珠三角园林城市群文化地域性格"的概念，并从珠三角园林城市群的自然环境特征、地域文化精神、审美艺术品格三个逻辑层次进行系统综合分析，规划建设珠三角园林城市群的绿色网络。结合珠三角城市群的建设现状，集中讨论城市群的环境特色，从三个方面探讨：城市群的架构与绿色网络构建；城市主轴线空间的营造，以广州新轴线为例；公众参与与产业创意园和产学研一体化。

用互联网来比喻，即是个人使用网络时就已经得到了进入该系统的入场券，知道可以利用所有的资源。广东绿道的建成，是实现珠三角园林城市群可持续发展的重要步骤。

珠三角城市群的物质空间架构是实现绿色网络的载体。通过城市群的自然、社会、人文等多重要素的有机结合，达到城市群可持续发展的目的。目前已形成东线深莞惠、中线广佛肇和西线珠中江三足鼎立的宏观片区城市，其自然地理、历史文化、人文环境等相关要素各具特色。广东绿道网络的规划和实施为三大城市片区建立新的联系，是绿色网络的脉络工程，将城乡空间创意性地连接起来，合理利用资源，关注公共利益，促进可持续发展。根据日前印发的《广东省绿道网建设 2013年工作要点》，广东今年将在全省启动实施绿色基础设施建设工程，逐步建立完善的基础设施网络。2013 年 1 月全长 2372公里的广东省绿道网全线贯通，南方日报社等单位曾联合发起

"文化绿道建设助力珠三角文化一体化"论坛，并邀请了很多专家从各个方面进行论证，主题是讲珠三角文化一体化的问题，这也是很重要的一个问题。

结合广州绿道网络建设来看亚运全城绿化升级改造，尤其是城市新轴线的系统性更新，包括城市主干道绿化升级、城市公园"拆围透绿"和城市河涌的环境综合治理等，不仅体现了"城在园中，园在城中"的建设目标，同时也体现了对市民日常生活的关注。结合广州绿道网络建设来看城市新轴线的改造，从广州东站经天河体育中心到珠江新城，再经过二沙岛到"小蛮腰"，新的城市轴线跟老的城市轴线的互相区别的文化品格是值得研究的课题。原来展示的是历史的文化，新的城市轴线展示的是经济的发展、是开放的文化，显示内容、理念不一样，体现了文化性和时代性的传承与创新，所以规划的目标、实施的技术不同。现在，广州是两个轴线，新轴线的升级改造需要公众参与，包括城市主干道绿化升级、城市公园改造和城市河涌环境的综合治理。

营建具有岭南特色的"绿色网络"，公众的力量不容忽视。我们的日常生活、工作状态、学习与交往都能够在良好的生态环境下进行，人与自然、人与人之间的都能得到和谐发展，绿色网络才能获得持久的"生命力"。创意产业园和产学研一体化都是公众参与的重要体现。例如，位于海珠区的ＴＩＴ创意产业园就是在原有产业布局的空间基础上，集合相关类型的企业，创造良好的生活环境，使行业交流更频繁，从而产生新的群聚关系。产学研一体化有利于建筑学、城市规划学、风景园林学三个重要学科的快速发展，传承与开拓中国特色的人居环境科学，为城市建设提供切实可行的理论指导。

岭南文化是中华文化体系中成就卓越且风格独特的地域文化之一。近代，岭南文化实现了从"得风气之先"到"开风气之先"的良性循环。如今，南粤大地是改革开放的前沿地和示范区。珠三角"绿色网络"以绿道为经脉，营建适宜多方利益的生态开放公共空间系统，创造新的生活方式和群聚关系。

我们相信通过绿网的建设，会催生出岭南文化的新形态，焕发出岭南文化的新活力，构筑起珠三角发展的新台阶。

创新现代都市农业的发展模式
及其现代化转型

王建武

华南农业大学农学院院长
热带亚热带生态研究所所长、教授

我谈谈在大都市的发展建设中，怎么创新现代农业发展模式，实现传统生态农业向现代化的转型，主要从三个方面分析：一是传统生态农业有什么局限性；二是现代都市农业主要内涵和发展目标是什么；三是我们如何全面提升生态农业的现代化水平。

一、关于传统生态农业

以广州为中心的珠江三角洲水网区曾经是"桑基鱼塘"等传统生态农业模式的发源地，但现在基本消失了；在粤北山区曾经广泛流行的"猪—沼—果"的生态农业模式也受到挑战，关键是沼气这个接口技术环节受到影响。山区农民做沼气是为了获得廉价能源，但现在社会经济的发展使得山区罐装煤气很方便，还有电磁炉等，所以沼气的能源功能失去了生存空间。

为什么会出现这种情况？是因为传统的生态农业模式不适合于现代农业的发展，现代农业要求规模化、专业化、集约化和优质化，以农户为单元的传统生态农业模式跟不上现代农业的发展步伐，"基"与"塘"的分离就是专业化和规模化发展的必然结果。传统生态农业是以农户家庭为单元的"小而全"的农业体系，其主要目的是为了节约生产成本，循环利用系统内的资源就是其"智慧"所在。现代农业是"大而专"，提高了农业生产的集约化和专业化程度，但也产生了单一化、高投入、低效率以及包括耕地污染在内的一系列资源环境问题，这是现代农业发展中存在的问题。在现代农业发展过程中，应该吸取传统生态农业的精华，对现代农业进行生态化的改造，这是现代农业转型升级的核心所在。

二、关于现代都市农业

目前普遍认为可以在大都市里发展都市型的生态农业，那么都市农业跟其他农业区别何在？都市农业的核心是必须依托都市的资源和市场，服务于都市所居住的人以及产业，它应该是一个多功能的可持续发展的农业产业体系。

如果将广州大都市农业的发展称为都市型生态农业，就必须要从服务城市的发展出发谋划农业的发展，注重一、二、三产业的融合，使都市农业的发展服务于美丽广州的建设，发挥农业生态系统的生态服务功能。都市的生态农业跟远郊、农区的生态农业不一样，都市生态农业要有服务于生活保障、生态涵养和都市休闲三大功能。

三、全面提升生态农业的现代化水平

建立现代都市型的生态农业要把握两个关键：一是突破传统观念，传统观念就是农民会种什么就种什么，农民能养什么就让什么，现代都市型生态农业必须从市场需求出发确定农业的主导产业及其发展方向；二是要把出发点与落脚点分清楚，政府从提高农民收入角度考虑未必效果显著，现代都市农业的出发点应该是满足消费者的需要，落脚点是发挥现代农业的多功能性。

都市农业的目标概括起来有四点：市民放心、农民开心、企业称心、政府省心。结合都市特有的科技市场、产业市场、资本市场、政策市场，将安全农产品的生产和良好生态环境作为农业发展的首要目标来"经营"农业，才能真正使市民放心、政府省心，才能将农业的生态效益、社会效益、文化效益和经济效益发挥出来。

传统的生态农业模式需要实现现代化的转型。转型的重点是优化尺度的转型、循环体系的转型和技术策略的转型。优化尺度的转型最重要的是要将传统生态农业在农户一亩三分地上的优化扩大到区域景观层次的优化布局。在景观层面，国务院目前已经在加大主体功能区建设，这是在景观层面解决发展和

环境保护之间矛盾的最主要手段。保护生态敏感区、生态重要功能区，处理好主要农产品需求供给量和土地匹配的关系是非常重要的。农区里的布局里也要处理好生产生态之间的关系，注重从大的尺度优化、控制、管理。

在循环体系的转型方面，关键是在生态系统层面处理好系统组分之间的循环关系。比如，在农田的层次上，用好、处理好秸秆是关键，在畜牧业和种植业之间，要做好粪便无害化处理和资源化利用，尤其是养殖规模与种植业消纳废弃物规模之间的恰当比例；在村落里，主要是处理好垃圾和污水，绝不能把城市不需要的东西，比如污泥、垃圾等废弃物都丢到农田里去，有毒、有害物质通过食物链的生物学放大作用最终还是会循环到了人类自身。一定要通过食物链的"解链"让城市的有毒、有害废弃物脱离食物的生产环节，受污染的土地种树、种花，但绝对禁止进行食用农产品的生产。

最后谈谈技术策略的转型。大都市的农业应该是一个可以盈利的产业，因为都市具备支撑现代农业发展的科技资源和技术力量，其产业设计就是技术策略转型的重点，这就要求在创立产业之初就关注它的品牌的创立和产业化体系的构建，尤其非常重要的是要有一些创意融入其中，智慧的生产力是无穷的。最好的切入点，就在公众的餐桌上。

校长论坛

论城市的和谐之美

朱崇实

厦门大学校长

非常荣幸有机会在这个论坛发言，本次论坛的主题我觉得非常好。我今天主要谈一下对生态文明理念的认识。我们中国人特别聪明，一旦理念问题解决了，有了正确的理念和思维，就能够找到解决困难的办法。在生态文明建设、美丽城乡建设方面，最关键的还是先要有正确的理念。

首先，生态文明的核心是人与自然的和谐。无论东方和西方，自从东西方的哲学具备相对完整的体系和思想之后，都将这样的理念作为各自哲学的核心内容。在我们两千多年前古老的中国哲学里，就是将天人合一、敬畏自然作为核心，孔孟、老庄、荀子等，概莫如此。"天行有常，不为尧存，不为桀亡。

应之以治则吉，应之以乱则凶。"同一时期的西方，苏格拉底、柏拉图、亚里士多德等都将顺应自然、尊重自然看作是一种幸福，苏格拉底就有一句名言"为生存而食，而不是为食而生存"。但是很可惜，两千多年来，越来越多的人变得是为吃而生存，活在世界上最重要的目的就是怎么吃得更多、吃得更好。

第二，科学发展观的核心是追求人与自然的和谐。毋庸置疑，西方工业文明为我们这个世界带来了巨大的进步。迄今为止我们所获取的进步，或者说我们所得到的收益、所享受到的种种，都是三百多年来西方工业文明所带给我们的实惠。但是，西方工业文明也给我们带来了种种的负面影响，其中最大的一个负面影响，就是无视物质生产发展的生态承载限度，不承认经济发展的有限性，不承认人类在自然面前的局限性，不相信人类不能够彻底战胜自然。毫无疑问，人和自然是一对矛盾体。在人和自然之间，人在特定的条件下有可能改变自然，有可能取得我们所认为的胜利，但是必须记住，人是绝对不可能彻底战胜自然的，人对自然的破坏，最终都会受到自然的惩罚。现代科技近百年来的进步，大大增强了人类的各项能力，使人类可以看得更远，走得更远，拥有更大的物质力，这样的进步助长了人类对自然的蔑视和挑战，使得人类认为在人与自然的关系中，人有更强大的力量，能够战胜自然，因此与天斗、与地斗，以求征服自然、改造自然，这实际上不是某一个人的思想，而是很多人的思想。

科学发展观的核心就是要将人类物质生产的发展限制在生态系统可以承载的范围之内，追求人类社会的和谐发展和全面发展。所谓幸福悖论，即收入增加了而人们的幸福没有相应增加，当前幸福悖论所表现出来的具体社会现象存在于我们生活的任何一个地方。例如，根据我的观察和体验，厦门这几年发展得很快，但好像近年来厦门市民的幸福感反而降低了。前几年厦门堵车的现象很少，现在虽然修了很多桥、开挖了国内第一条海底隧道等，但交通越来越不顺畅，严重地恶化。一方面，厦门的经济快速发展，另一方面，厦门市民的幸福感却没有增加，反而好像在下降。

第三，科学发展观不赞成人类中心主义。 人类中心主义的实质就是人类高于一切，世间的万物都要服务于人类、服从于人类。我们一定要注意以人为本不等于人类中心主义。所谓以人为本，是指在人类社会里一定要将人的基本权利作为最高的权利，任何事情都要以此为出发点，都要将人的权利保障、全面发展作为社会进步的一个目的。任何一个政府执政，都要以此为执政原则。人并不是万物的主宰，人类要获得真正的幸福，一定不能将自己摆在跟万物脱离或者对立的地位。人类应该存在于自然之中，与整体和谐，而不是在整体之上，要按照自然规律办事，而不是凭人的主观欲望办事。我这里特意用了"欲望"这个词，而不是"愿望"，可以这么说，人类很多愿望实际上都是欲望。人的欲望是无限的，这是人类进步的动力，同时也应该自律，予以限制。

美丽城乡的标志是和谐，和谐包含人与自然的和谐、人与人的和谐，以及自然与自然的和谐。自然与自然能不能和谐，关键也在于人，如果我们不是随意地改变自然，而是尊重它、保护它，千百万年形成的自然就是和谐的。

科学证明，人是地球上迄今为止最有智慧和勇气的生物，追求、创造和谐，保持和谐，是人类的一个共同使命，要认识到生态文明是人类幸福的基础。建设美丽城乡，使我们的家园更加地美丽和谐，更加地舒适，必须树立起正确的生态观和发展观，绝对不能够再推行 GDP 崇拜，把 GDP 作为发展的唯一目的。

全球化及语言文化生态学

埃马纽埃尔·弗雷斯 (Emmanuel Fraisse)

法国索邦大学副校长

在当今全球化的时代背景下，我们是不是需要尊重我们的文化和语言，能否让本族的文化和语言在全球化的背景下和平发展？随着人类的交往和语言不断地进步，如何处理本地与国际的关系，从而为所有市民创造一个美好的未来呢？分析语言文化生态学这一概念，"生态"这个词于 19 世纪出现于德国，"生态"这个概念其实来自一个比喻，本意是指家庭。所有的使用者、用户，无论是动态的还是非动态的，都觉得自己属于一个共同的系统之中，所以，"生态"是指互相依赖的一种系统，其中包含个体与环境之间的关系，以及宏观与微观之间的关系。在宏观与微观的对比中，我们可以看到互相呼应与和谐。

同时，这一理念也存在于中国的哲学思想之中，比如中国古代哲学家强调"天人合一、和谐共存"，也强调平衡、互相依赖，以及和谐。这是一种非常古老的哲学观点。

在法国，语言生态学是被普遍接受的一门学科，它其实融合了不同的科目，是在 20 世纪时开始兴盛起来的。它强调语言世界的流动和交换是由各种语言文化之间的不平等、不均等现象造成的，比如说有中央语言，也有边缘语言，中央语言包括印度语、法语、德语、汉语等，也体现出了语言之间的等级观念。中央地位的语言和边缘地位的语言，共同组成了语言的整体生态系统。各种语言由于所处地位不同，也不可能是完全平等的，每一种语言都希望能够在不同的环境中发出自己的声音。比如说我们这次会议是使用英语的，那么这也就显示出英语的中心语言地位；但是当我在巴黎，面对我的学生时，就不会用英语发言，而是用法语教学，这是因为在法国来学法国文化的话，肯定要用法语来进行教授，和古老的意识形态并不相关，它并不关乎这种语言是不是有尊严，只是说在不同的实用场景中，我们使用不同的语言。从这个角度来说，不同的语言会使用在不同的科目中，它们也会产生一些分类。这就是为什么神圣罗马帝国皇帝查尔斯五世说德语是军队语言、意大利语是修辞华丽的语言、法语是高贵的语言。

语言也有其生态性的一面，所有的语言都应当受到保护，但是，这却并不是实际的情况。根据不同的使用者，有一些语言不可能和其他语言一样受到同等待遇的保护，所以我们才说，很难能让所有的语言都存活下来。有的语言可能只有几百个使用者，而这几百个使用者，他们同时又会讲其他的语言，因此，要保护这样的语言是非常困难的事情。但是对语言进行反思，可以让我们从抽象的角度认识到，只是客观地展示语言生态现象还是不够的。全球化带来了各方面的影响，英语获得了极大的传播，几乎成为世界的通用语言。英语成为通用语言所带来的结果就是，在移民、旅游、军队、学术、智力交流等不同方面，很多母语并不是英语的使用者也用英语来进行交流，英语也就成为了一个中心语言。

在全球化的影响下，英语不仅越来越融入多语言的世界，而且成为世界所普遍接受的语法规则。这种多语言系统是指语言得到相对稳定性的发展，各种语言之间的关系相对稳定。在多语言的世界中，人们的语言行动、语言环境是受到全球化影响的，所以现在我们会经常听到全球语，或者说机场英语：只会说几句话的英语，这也引起了一些争论。我们在学术交流中使用非常简单的语法结构，有时候甚至用非常简单的语言结构，比如说数学、航空等等，英语能够传达很多学术交流的信息。在这些交流之中，语言的障碍已经变得次要，知识的交流显得更加重要。现在英语已经成为世界的通用语言，虽然很多人使用英语还是比较初级的水平，但是英语的使用却是十分广泛。

于是，我们就有了一个假说：所使用的语言是否会决定你的思维方式？说英语、写英语，是不是就意味着人们的思维方式就会像母语是英语的英国人一样？现在还没有确凿的证据来证明语言将会决定人们的思维方式和行动方式，比如说一个英国人和一个美国人一起交流，他们的母语都是英语，但他们的思维方式不一定相同；或者说一个德国人和一个法国人在说英语，会不会因为他们都说英语，所以法德思维方式接近甚至相同？全球化带来了种种矛盾和纠结，英语的广泛使用也导致了英语本身作为语言的通俗化。

看一看网络上 2000 年到 2005 年语言使用的频率。英特网确实对语言带来了前所未有的影响，并导致全球化时代语言生态体系的产生。简单地总结，语言生态体系是互相依赖的一个综合分析体系，在这个过程中，不能因为生活在同一个世界，就忽略语言生态系统的多元性，要看到一些新兴语言生态的体系，每一个新兴的、哪怕是小众的语言生态体系，也会给整个世界的多元语言体系带来重要的影响，而且在同一种语言体系下的子系统同样也会对语言和文化的生态体系发挥着不可替代的作用。

在全球化日益深化的时代，彼此的语言和文化将不断融合和相互影响，希望未来语言的生态体系仍然能和谐、多元化地发展，也希望在城市化过程中，能保留地方语言的多元化色彩。这就是我从语言学角度为城市发展贡献的一些建议。

当生态成为一种"文明"

陈春声

中山大学党委常务副书记、副校长、教授

作为一个人文学者，我想结合自己的专业，谈谈对"生态文明"的一些理解。

首先，与其将"生态文明"描述成一种在人类历史宏大叙事中必将占有一席之地的社会结构或社会形态，不如将其理解为一种生活态度和生活方式的转变。

当生态被描述为一种"文明"，其内在的逻辑过程是蕴含着某种悖论的。在古代汉语中，"生态"一辞常常用于描述世上万物生存的样态，如公元 768 年著名诗人杜甫所作七律《晓发公安》中，就有"邻鸡野哭如昨日，物色生态能几时"的诗句。19 世纪末，经由日本学者的转译，欧洲语言中的 ecology 一词，以汉字表达为"生态学",从而使"生态"二字具有了现代学术的意义,通常被用于描述各种生物的生存状态。此后,在讲到"生态"二字时,人们常常联想到的是绿色和自然。

而汉语中"文明"一词的起源,可以追溯到据说成书于公元前 12 世纪的《易经》,该书有"见龙在田、天下文明"的说法。根据汉代学者的解释,这里的"文"指的是人与外部世界的关系,而"明"则是讲内心的修养。在 19 世纪末 20 世纪初中国社会制度与知识结构转型的过程中,"文明"二字被用于表达欧州语言中 civilization 一词的意义,指一种社会进步的状态,与"野蛮"一词相对立,包括了人类社会生活方方面面的内容。在某种意义上,此后我们所说的"文明",即意味着"人为"的"不自然"。

正因为这样,当生态被描述为一种"文明"时,其内部自然地就有了一种逻辑上的紧张感。因为中国理论界习以为常的宏大叙事的传统,"生态文明"有时被标榜为与物质文明、精神文明、政治文明并存的第四种社会的结构形式,也常常被描述为继游牧-狩猎文明、农业文明、工业文明之后人类必将经历的第四种社会形态。我无意在这里评论这类归纳在理论上是否周延,更难以判断许多一开始就带有"算命先生"味道的预言能否成真。作为一个人文学者,我想说的是,"生态文明"在几十年的时间里,成为一个被不同学科、不同族群、不同文化背景的人们普遍关注的概念,在其背后,更重要的是一种与价值观相联系的生活态度的转变。

当偏重"自然"的"生态",成为带有"不自然"性质的"文明"的定语时,也就意味着"文明"对"野蛮"的适度妥协,意味着“人为”对“自然”的自觉回归。也许我们可以从古代中国“天人合一”的传统哲理中去发掘“生态文明”的思想源泉，也可以在 1623 年出版的意大利思想家康帕内拉的《太阳城》中发现“生态城市”构想的萌芽，但无论如何，超越了国家、民族和文化区隔的，以“生态文明”为依归的生活态度的自觉转变，还是最近几十年才出现的“新生事物”。我们要重视、珍惜人类生活方式转变的新取向，也有理由对之充满梦想和期待，但在理论建构上仍应持慎重而严肃的态度，在将一个概念描述成一种社会结构或社会形态之前，应有更柔软、更细腻、更科学、更具体的研究。

其次，与其将“生态文明”视为一种带有普世意义的必然的历史发展阶段，不如更加重视其实现过程中的地域特色与人性安排，重视其与普通人日常生活的关系。

随着中国社会的发展，以带有政治标签性质的概念作为社会动员手段的有效性正逐渐下降，而政治理想或社会改造目标实现过程中符合人性需求的细腻操作，显得越来越重要。提倡“生态文明”无疑是一种富有远见的战略性安排，但在具体的实施策略上，关注不同地域的历史传统、文化特色和生态差异，在细节和微观层面上关注普通人日常生活的需求，适当迁就人性的弱点，可能比理性的、科学的、宏观的大道理更能动员普通市民的参与，从而获得更好的成效。

“生态”的原意指的是各种生物的生存状态，以及它们之间、它们与环境之间环环相扣的关系。中山大学研究生态学的同事也告诉我，“生态学”的产生，最早是从研究生物个体开始的，也就是说，“生态”这个理念本身，就蕴含了重视地域环境和生物个体差异的意义，大自然本来就多姿多彩，因而，多样性也就成了"生态"概念的题中应有之义。

在近代学术的意义上，"文明"这个概念的出现，与城市发展有密切的关系，civilization 本来就源于拉丁文的"市民"（*civis*）一词。我们知道，现代城市发展的特点之一，就是"千城一面"。对经历了近 30 年迅速城市化的中国百姓来说，这一感觉尤为明显。在中国各地旅行，置身各大城市新建的商业街区，目睹同样风格的楼宇、同一式样的招牌，品尝着同类味道的"垃圾食品"和饮料，常常会有空间迷失的感觉，因为尽管不同的城市相距千里，但给我们五官的感觉却如此相似。因此，为了建成"美丽城乡"而提倡"生态文明"，值得关注的一个方面，就是尽力保持"生态"的多样性特质，并尽量消除伴随着现代"文明"发展而来的趋同性压力。

在技术的层面上，在生态城市建设过程中，因地制宜，选择不同的树种、草种，决定城市水体的布局，相对来说还比较容易。但在文化的层面上，如何在城市设计和城市运作的细节上，体现城市的历史、文化和传统，大到自然地保持城市的地方特色，让人文与生态达到"天人合一"的境界，则实属不易。

要达致人文与生态的自然融合，更重要的一条，是要关注普通人的生活，通过日常生活的细节培养居民的生态意识。我们不时可以听到相关专家、学者对公民生态意识水平的批评，包括生态价值意识、生态责任意识、生态道德意识、生态审美意识、生态科学意识、生态消费意识等等，这样的批评赋予我们这些从事教育的人以沉重的责任感，也让我们对下一代更健康、更全面的成长充满了期待。但在现阶段，更重要的是，要从人性的特点出发，在城市制度设计和运作的细节上，让普通百姓真正感受到生态保育的好处，感受到城市管理者重视"生态文明"的诚意和能力。以垃圾分类为例，我们进行了广泛的宣传，努力试行了许多措施，也增添了不少设备，对可回收垃圾的利用还作了系统的安排，投入了大量的资源。但是，在试点过程中，一些屋村收集垃圾的工人，却顺手把居民已经分类放置的垃圾，又倒到一个大桶里混杂起来。就这样一个细节，严重影响了普通市民参与垃圾分类的积极性与自觉性，街谈巷议，意见纷纷。我不止一次听到，原来已认真按规矩分类的家庭，因为这个缘故，又开始马虎应付了。

这个例子或许可以说明，在社会治理和城市管理中，细节才是我们真正的弱项。从这个角度说，我们国家要在目前这个发展阶段达致"生态文明"的目标，确实是任重而道远。

再次，在将"生态文明"描述为"后工业社会"的文明形态的同时，不能否认，"生态文明"目标的提出，是建立于"工业社会"对人类生存和发展做出巨大贡献的基础上的，而"生态城市"和"美丽城乡"的建设，也离不开先进工业技术的支持。

关于"生态城市"和"美丽城乡"具体的建设过程对先进工业技术的依赖程度，本次论坛已有多位专家从不同角度做了很好的论述，他们也介绍了多项具有较强可操作性的技术措施。我只想补充一点，从一位历史学者的角度看来，在现阶段讨论"工业文明"即将被"生态文明"取代，或者说"工业时代"即将因为"信息时代"的到来而结束，可能还是过于草率。

我们这些学历史的人，总是觉得其他学科的同行在讨论人类社会发展法则的时候，常常显得比专业的历史学家更有气魄。

人类社会的发展本来就有其内在的和谐性法则，人类历史的发展实际上也是庚续不断的，所谓社会形态或者文明形态的划分，本来就是理论建构的结果。在人类的知识史上，"生态文明"这一理念提出才几十年，被普遍认同和接受的时间更短，其有效性和影响力仍有待历史的检验。也许我们还是可以更从容一点，反过来仔细想一下，难道"生态文明"就不能发展成为"工业时代"的一种特质？或者说，在我们的后代看来，"信息时代"会不会仅仅是"工业社会"的一个发展阶段？

这样的思考，想表达的是一种认识论的取向，即在认识社会历史的时候，我们更需要的可能是完善和补充，是理论的并存与兼容，而不一定是颠覆和取代，更不能为了达致理论传播的目的，而故作惊人之语。也许这也可被视为理论思考方式的一种"生态文明"。

新型城市：美丽的城市

亚历山大·马丁 (Alessandro Martin)

意大利帕多瓦大学副校长、教授

从比较的角度而言，欧洲和中国的差异实在太大，而且我也不认为欧洲人能够给你们任何的建议。我们当然有一些教训可以贡献，你们可以从我们的教训中吸取经验。帕多瓦是很古老的城市，两千年前由罗马人建立。我们拥有世界上最古老的大学，建立于1224年，现在拥有21000名学生，也有很多名教授，帕多瓦大学被誉为意大利最好的大学之一，它产生了历史上最杰出的一些教授和学者，这就是我们的一些背景。

向大家展示世界最美的十座城市，你会发现这些城市有一些共同点，它们都有水。除了里约热内卢之外，其他九大城市都是欧洲城市。当然在其他的评比中，也可以看到像悉尼这样的城市也会上榜。这些美丽的城市的共同之处包括历史悠久，有文化的美誉，而且文化也得到传播。学校、大学可以传播文化，而且人们也可以参与到文化的传播和教育中。从建筑的角度而言，可以看到许多建筑非常古老，不光有古老的建筑，而且有新型的建筑，有非常好的跨界混搭的建筑形式。所有这些城市还有一个共同特点，有自己的独特身份和灵魂。比如说巴黎和伦敦的灵魂就不一样，具有不同的身分象征，欧洲城市的城市灵魂差异非常大。

另外就是这些城市中人们的生活质量。这些城市非常清洁、非常安全，有很多休闲活动，很多的体育活动，交通情况良好，人们每天用于交通的时间不会很长。但是有些城市可能你要花两到三个小时通勤，于是你生命的 1/5 花在路上，这可不是很好的情况。

欧洲和中国并不具有可比性。我们的城市建筑者和规划者，现在都坚定地认为不能够再外向型地发展了，不能再按照扩张的速度发展了，要以内向的方式发展，要找到一些不那么美丽的建筑重新修建它，重新开发那些开发不好的地区，要做的就是重建、改良，而不是继续去扩张、去占领。现在虽然也有一些地方采取重建的方式，但是在中国，在广州，可能是开发的方式更为常见。

给大家介绍一下重建的例子，我们尽量美化自己的建筑，使用最好的建筑技术和艺术，会在重新开发的土地上建筑房屋，比如说曾经是旧工厂的，现在已经被改造为儿科研究中心，并且建筑造型非常新颖。

在开发的过程中有什么样的原则呢？除了其它，就是教育和研究。教育是非常重要的推动力，学校教育，为儿童提供教育的机会，年轻人要能够上大学、获得教育，这样才能够继续推动良好的改革。教育和科研密不可分，不可能只修建学校提供教育，这些学校还必须发布自己所取得的学术成果，要做研究才能有价值。在欧洲，我们不喜欢城市这样的形式，比如说城市的中心什么都有，有大学、有绿地、有博物馆、有电影院等等。在你居住的地方可能有保安严加把守，你会喜欢这样的城市布局吗？大学可能远在城市之外，非常遥远。而我们的大学，是分布在城市 150 多座大楼之中，我们的大学是分散式的，大学和城市共同生存和生活。城市布局应该是这样的：各个功能区彼此融合、彼此交织，绿地、博物馆、大学等彼此融合。如果城市过于庞大的话,进行社会交往的地方可能会受到限制。

如果身处曼哈顿，6 点钟下班之后应该在哪里社交呢？在城市，有广场，有咖啡店，我们总是有一些让人们进行社交的地方，就像是非洲一样。在非洲，人们会聚集在树下，共同谈天，交换想法。城市中应该有这样的地方让人们能够放松，彼此交流感想，几个好朋友在一起互相交谈。人类不可能彼此隔绝地交流，必须要互动、交往，必须要让我们和其他人的观点进行碰撞。《时代周刊》提到美国底特律这座城市的破产，在欧洲来说可能城市破产的威胁还不太大，底特律这样的城市，只是将所有的宝都压在汽车行业，99% 的精力就集中在一个方面，汽车行业兴旺整个城市就兴旺，这种一荣俱荣、一损俱损的情况在欧洲不太可能会发生。

一个美丽发展的城市应该是以人为本的，不能想象让人花1/5 的时间在汽车里进行通勤，这是对生命的浪费。人们也需要教育的机会，人们希望生活和工作在一座有灵魂的城市中，人们需要参与到社会中，进行社会交往。另外，如果一个城市想美丽、想发展，没有一个明智的政府治理也是不可能的。

后工业时代的小型高等院校
——以"拉丁区"为对照

弗朗西斯·马尔可昂 (Francis Marcoin)

法国阿尔图瓦大学校长、教授

我们这座城市位于法国的北部。从传统上来说，大学是一个自给自足的区域，它拥有自己的规则和目标，同时它对学生来说功能也是相对特别的，至少在公众的眼中它的形象应该是这样。法国 19 世纪的文学中，曾经将大学比喻为"拉丁区"，因为这个地区好像不受外界的影响，有一套自己的行为准则，而且具有高度的包容性，受到广泛的尊重。

大学长期以来获得了很多的声誉，这种声誉起源于文艺复兴时代，在法国则跟拉伯雷有很大的关系，很长时间以来他为学校的人文系作出了很大的贡献。但是很矛盾的是，在拉伯雷的作品中，他对传统大学持批评态度，他也是这么看待索邦大学和索邦大学的附属机构的。作为一个学生，应该有语言和思想的自由，这种自由与大学所承担的教学工作同等重要。"拉丁区"这个词就显示出我们需要给大学特别重要的地位，在许多小说里都会使用很多地区的名字、街道的名字，而且这些名字也有独特的含义，比如说品质、梦幻等等。这些地方不仅要美丽，而且它还应该适于生活，这些环境反映了我们今天对于生态的关注。"拉丁区"很长时间以来代表着不需要领导的精神，而且索邦大学也会培养出许多精英人物，特别在法律方面尤其出色。很多街区因为拉丁区获得了名字，在雨果的《悲惨世界》里就描述了革命以及革命中学生所扮演的重要作用。

这种大学存在于城市中间，而且也产生了许多学院。拉丁区成为城市的核心，并没有一个非常精确的界限，但是在精神上成为独立的自主地。19 世纪末期，这个模式就开始使用在我们法国的里尔市。这种大型的城市项目位于法国的北部，一直发展到 1960 年代。到了 60 年代，很多大学的机构、学院就开始被搬到城市的乡村，比如说现在的威尔诺夫地区，建立了新的科学城。大学搬离城市中心，移到城市的郊区地区，主要是因为土地利用方面的原因。在新城市的规划中他们有一块专门划出的地区，就像是在城市里建了一个大公园一样。虽然这些公园看起来很美丽，但是仍然要依靠高速公路和其他的城市地区取得联系。今天这些大学郁郁葱葱，但是过去其实是没有什么植被的，而且过去是在农田或者是荒地上建设起来的，那个时候学生必须去森林里采果实食用。

从城市中心移到城市郊区已经成为一种模式，而且被称为美国大学的模式，但是并不能给我们提供足够的安全，因为将城市移到郊区并不是朝更安全的角度考虑，而是因为城市里容纳不下这么多学生，这是美国的情况。但是其他地方是否要经历这样的变化？我们为什么学到了美国的形而没有学到神呢？现在我们可以看到很多重新居住的项目，以小型的卫星镇的形式获得新的发展。新型大学是 1993 年开始产生的，应对了我们第二次人口结构的变化，能够让大学接纳更多的学生进行扩招。这和第一次大学建设的浪潮是不太一样的，这种新型的浪潮展示出对大学更加的关注，并且大学又从郊区地区回到城市的中央，而且大学的规格、规模会变得小一些。

新型大学是否意味着对社会环境的妥协和沟通呢？去年我成为亚托斯大学的校长，这是一所很年轻的大学，刚刚庆祝了 20 周年的庆典。这是拥有非常多方面特征的大学，我们有五个不同的校址，学生总数超过 1 万人。大学所在地是法国北部城市阿尔图瓦。这个城市拥有超过百万的人口，所以说相比而言，1 万名大学生的数量并不是特别多。即使像是阿拉斯地区的大学，拥有非常丰富的文化和历史遗产，它的校区是位于原来采矿业的地区，位于法国的北部，在法国这一片地区被称为黑色的乡村，因为过去是用来采矿的。

下面介绍我们非常高质量的建筑。在亚托斯我们选择了建筑风格比较统一的建筑，都是比较低层的，只有一两层，外墙是砖，整体风格和一战后的风格非常相似，非常安全、非常亲切。比如其中一个校区，过去曾经是法国采矿地区的总部所在地，有久负盛名的建筑，同时展现出了采矿业的辉煌历史。我们延续了采矿业总部的建筑，它也展现了一种非常好的艺术装饰风格。还有其他两个地区，都曾经在一战时遭受破坏，但是都没有在原址上重建，而是选择了新型的建筑物，这些新型建筑物的质量可以得到全面的恢复。这里有博物馆，建成之后吸引了各方面人士的兴趣，开张8个月之后就获得了70万名访客的关注。

20年的历史，亚托斯大学和其他大学一样，都必须要重新思考走向何方？我们的未来是怎样的？现在我们的规模还比较小，不需要复制像过去大学的发展足迹。我认为，亚托斯大学一方面要继续维持学生数目较小的规模，另一方面也要发挥对日益艰难的环境的积极应对作用。工业化的建筑有其独特之美，工薪人员居住的房屋也应该成为我们新校舍的一部分。其实现在我们的这些地区，已经得到了联合国教科文组织的认可，成为世界遗产保护地区。我们正在推广一个项目计划，希望能够发挥本地建筑的风格，能够营造更多像博物馆这样的建筑。亚托斯大学需要考虑如何能够利用新的技术，包括生态友好型技术、能源技术、绿色化学技术等，还有包括产品的再利用、再回收，机器人技术和先进的信息技术等。我们需要利用这些技术来对我们的城市保护和建设注入新的活力，发挥真正的价值，这也意味着需要对这些地区再次绿化。

我们这个地区由于过去工业历史的原因，绿化程度不是很高，而且这一块地区的人口密度比较高，农业也是高密度的。这些因素都导致了这块地区森林覆盖率比较低，我们需要改变这一现状。现在大学正在采取项目来进行改善，也得到了地区议会、政府机构、商会的帮助。他们通过了一项名为"第三次工业革命"的项目，并通过一项计划对我们进行帮助。这项计划的名字来源于一个能源方面的专家，他提出了"欧洲梦"这样的概念，我们也聘请他做我们的顾问。这场革命在整个的行业里是前所未有的，它给我们带来的不仅仅是工业层面的革命，而且也是文化层面的革命。它让我们重新认识物质世界和人类活动的关系、社会彼此之间的互动。

当能源生产和人们的沟通之间产生一个互动的联系时，人们的意识就会发生改变。当我们意识到这二者是互相有影响的时候，我们跟空间、时间的关系也发生了改变。文明也是随着与世界的共同认识和交互感受而发生变化的。对于一个建筑而言，实际上对于建筑的关注也应当是从这样的互动关系层面来理解。大学的建筑不仅仅为我们带来了欢迎学生、容纳学生、教育学生的地方，而且它实际上也跟我们在大学里的人和活动产生互动关系，应当尽可能地在这个层面来保证大学研究的行为自由度和自由性。

今天不仅仅是要将校园看作是一个生态体系，而且这样的一种生态体系应当保证校园满足在新时代的特殊功能。现在大学里最主要的一些研究中心，包括生态和文化研究中心、遗产文化互动中心、社会组织架构研究中心等，它们所关注的研究领域都是跨学科的，他们之间都有不同学科的专长和技能，校园必须要融入到这些学术的研究当中。实际上，这样的方式在一定层面上回应到过去的拉丁空间方式，我们是一个跨领域、跨学科的学术研究机构。而且这种跨领域，不仅仅是科学类下面的子系统，而且科学和文学之间都可以实现跨领域互动研究。这都是根据在大学里新的时代的关注点而发生变化的。所以对于大学这样的空间设计，一方面，要让学生的精神生活、智力活动、智力教育能够得以完成，另一方面，也希望这样的一个空间能够在更广的层面上考虑到人与自然、人与生态之间的关系，比如说地形、建筑、土地之间的互动关系。希望这样一种多学科、全面的关系理解能够为城市发展带来一些借鉴。

论坛总结

2013 新型城市化·广州论坛总结

王卫民

国务院参事室副主任

尊敬的各位嘉宾、各位朋友，2013 新型城市化·广州论坛经过一整天紧张的工作，已经顺利完成各项议程，即将圆满结束。论坛上的精彩发言和印发的论坛文集中有很多真知灼见和新思想、新观点，综合与会专家学者的观点，本届论坛初步形成了一些共识。

第一，**全面准确理解生态文明的科学内涵和基本规律，是建设美丽中国、美丽城乡的基本前提。**高度发达的物质生产力是生态文明存在的物质前提，积极改善和优化人与自然的关系是实现生态文明的基本途径，实现人与自然的永续发展是建设生态文明的根本目标，人与自然和谐发展是生态文明遵循的核心理论。要实现人的价值，必须重视和尊重自然环境的价值，在推进新型城市化发展的今天，要始终坚持生态建设优先的原则。

第二，推进生态文明建设，是科学推进我国新型城镇化进程、有效破解当代经济社会发展难题的必由之路。改革开放三十多年来，我国保持了持续强劲的经济增长，但同时也付出了巨大的环境资源代价。发达国家上百年工业化过程中分阶段出现的环境问题，在我国三十多年里集中出现。有些专家指出，生态环境恶化已经开始引发严重的社会稳定问题，如果任由生态危机继续下去，不但经济建设的成果会大打折扣，而且将增加不稳定因素、激发社会矛盾，生态建设已经成为中国现代化进程中急需解决的一个重大课题。

第三，科学选择路径和方法，是我国加快生态文明建设、完善社会主义现代化建设五位一体总体布局的关键环节。本次论坛认为，要强化生态文明的国民意识，从文化入手，通过教育挖掘深藏于人们心灵的爱美、向上的文明理念，培养人们的生态忧患意识、生态责任意识和生态道德与法律意识，要树立尊重自然、顺应自然、保护自然的生态文明理念，将可持续发展理论贯彻到经济社会发展的各个方面，大力倡导适度消费、公平消费和绿色消费。要加强研究和宣传力度，为生态文明建设提供良好的舆论环境和理论依据。要加大生态环境保护的立法和执法力度，为生态文明实践提供良好的法治环境和物质条件。

第四，抓好制度机制建设，是推动我国生态文明建设、建成美丽城乡的长久之策。只有抓好制度机制建设，才能为我国生态文明建设提供有效保障。大家建议将资源消耗、环境损害、生态效益纳入到经济社会发展评价体系和干部的考核体系，建立体现生态文明要求的目标体系、考核办法、奖惩机制。要通过一系列法律法规制度的完善，建立国土空间开发保护制度，加强环境监管，建设生态环境保护追究制度、环境损害赔偿制度，以制订环境赔偿法为重点，完善环境损害救济的法律制度。推动信息公开与公众参与，确保公众对生态保护的知情权、保护权、监督权。

　　思想在分享中丰满，理论在碰撞中升华，交流、批评、借鉴是理论研究的基本途径和方式，论坛则给我们提供了相互对照、交流和启发的很好平台。广州论坛以推进新型城市化为主题，邀请国内外专家学者、各界人士展开深入交流和务实讨论，必将深化我们对新型城市化的认识，这不仅对广州探索新型城市化特大城市发展有现实意义，而且对国家积极推进城镇化、探索具有中国特色的城乡发展道路、为人民创造一个美好幸福的未来也具有很重要的意义。今后我们要进一步加强论坛成果的应用，将论坛的思想成果加以总结和提炼，通过有关渠道报送中央参考。广州市要加大对研究成果的转化和宣传，让这些成果更好地应用于实践，服务于城市的建设和发展。